住建领域"十三五"热点培训教材

标准化工作

实用手册

邓铭庭 编著

中国建筑工业出版社

图书在版编目（CIP）数据

标准化工作实用手册 / 邓铭庭编著 .—北京：中国建筑工业出版社，2018.3
住建领域"十三五"热点培训教材
ISBN 978-7-112-21818-9

Ⅰ.①标… Ⅱ.①邓… Ⅲ.①标准化—工作—中国—手册 Ⅳ.①G307.72-62

中国版本图书馆CIP数据核字（2018）第023989号

  为促进行业标准化工作深入开展，更好地为行业建设服务，同时也为了有关大学、科研院所、企业、生产单位中从事行业标准化工作的同志工作方便，本书将行业标准化工作中所需要的有关资料汇编成册，供大家学习参考使用。全书内容包括：标准化概论、标准体系、标准化管理体制、标准的制定、服务业标准化试点、标准的宣贯、实施与监督、采用国际标准与国外先进标准、标准与国际贸易等八部分。

责任编辑：朱首明 李 明 李 阳 赵云波
书籍设计：京点制版
责任校对：刘梦然

住建领域"十三五"热点培训教材
标准化工作实用手册
邓铭庭 编著

*

中国建筑工业出版社出版、发行（北京海淀三里河路9号）
各地新华书店、建筑书店经销
北京点击世代文化传媒有限公司制版
廊坊市海涛印刷有限公司印刷

*

开本：787×1092毫米 1/16 印张：15 字数：240千字
2018年5月第一版 2018年5月第一次印刷
定价：**39.00元**
ISBN 978-7-112-21818-9
（31659）

版权所有 翻印必究
如有印装质量问题，可寄本社退换
（邮政编码 100037）

前言 PREFACE

标准是人类文明进步的成果。

标准伴随着自然科学、工程技术和社会科学的发展而越来越多的被人类所采用。标准化是指在经济、技术、科学和管理等社会实践中，对重复性的事物和概念，通过制订、发布和实施标准达到统一，以获得最佳秩序和社会效益。也是实现法治国家、法治政府和法治社会的有效手段之一。标准化是人类在改造自然和改造社会的伟大实践中产生和发展起来的一门工程技术、一种管理手段、一门知识学科。它的产生与发展是和社会生产力的水平紧密相连的。无论是我国还是世界，随着技术的进步、社会的变革，不断产生对标准化新的需求。2018年1月1日，我国标准化法修订发布实施，标志着我国标准化工作迈入了一个新时代。

近几年来，我国的标准化工作为适应经济建设和社会发展的需要，在方针政策和工作方法等方面做了许多改革和调整，促进了标准化工作的发展。为帮助广大标准化工作者了解和掌握我国标准化工作的法律法规和新要求，以及国际标准化工作新情况，作者根据国家法律法规及有关技术规范的要求，结合标准化工作实际编写了本教材。

本教材共分八章，第一章 标准化概论；第二章 标准体系；第三章 标准化管理体制；第四章 标准的制定；第五章 服务业标准化试点；第六章 标准的宣贯、实施与监督；第七章 采用国际标准与国外先进标准；第八章 标准与国际贸易。

本教材内容实用性强，可供从事标准化工作的人员阅读使用，也可作为标准化培训和大专院校的参考用书。本教材由浙江省产品与工程标准化协会组织编写，由浙江省长三角标准技术研究院院长、教授级高工、高级经济师邓铭庭编著。本教材参考了相关作者的著作，在此特向他们表示深致谢意。本教材的编著得到了中国标准化研究院、中国工程建设标准化协会、浙江省产品与工程标准化协会、浙江省长三角标准技术研究院、浙江赐译标准技术咨询有限公司的专家大力支持，在此也一一表示谢意。

本教材中缺点和不足之处在所难免，希望读者批评、指正。

目 录

一、标准化概论·········001

（一）标准化基本概念·········002
（二）标准化发展历程·········005
（三）标准化原理与方法·········009
（四）标准化重要性与作用·········013
（五）标准化发展趋势·········015
（六）标准化及其战略·········021

二、标准体系·········027

（一）标准体系的概念·········028
（二）标准体系的结构及特征·········032
（三）标准体系表·········036
（四）团体标准·········041

三、标准化管理体制·········057

（一）法律法规体系·········058
（二）标准的管理·········073
（三）标准化技术委员会·········075
（四）标准化研究机构·········086

四、标准的制定·········097

（一）标准的分类与分级·········098

（二）标准制定的原则 …………………………………… 108
（三）标准制定程序 …………………………………… 113
（四）标准编写方法 …………………………………… 121
（五）标准质量要求 …………………………………… 124

五、服务业标准化试点 …………………………………… 129

（一）服务业标准体系的建立 …………………………… 130
（二）标准的收集和制定 ………………………………… 136
（三）服务标准体系实施 ………………………………… 137
（四）标准实施评价 ……………………………………… 139
（五）持续改进 …………………………………………… 143
（六）品牌创建 …………………………………………… 144
（七）记录归档 …………………………………………… 148

六、标准的宣贯、实施与监督 …………………………… 151

（一）标准宣贯 …………………………………………… 152
（二）标准的实施 ………………………………………… 159
（三）标准实施监督 ……………………………………… 163

七、采用国际标准与国外先进标准 ……………………… 169

（一）国内外参与国际标准化工作的情况 ……………… 170
（二）采用国际标准的概念 ……………………………… 172
（三）采用国际标准的意义 ……………………………… 175
（四）采用国际标准的基本原则 ………………………… 177
（五）一致性程度及其表示方法 ………………………… 179
（六）采用国际标准的方法 ……………………………… 184
（七）企业采用国际标准和国外先进标准 ……………… 189

八、标准与国际贸易 ……………………………………… 193

（一）国际贸易的基本概论 …………………………………… 194
　　（二）标准与国际贸易的关系 …………………………………… 197
　　（三）标准与技术性贸易措施 …………………………………… 202
　　（四）标准在国际贸易中的作用 ………………………………… 218

附　录 ……………………………………………………………… 223

参考文献 …………………………………………………………… 231

一、标准化概论

（一）标准化基本概念

1. 标准的概念

（1）标准的定义

标准原意为标靶。其后由于标靶本身的特性，衍生出"如何与其他事物区别的规则"的意思。孟子说过，"不以规矩不能成方圆"，这里的"规矩"就是"标准"的形象解释，更通俗地说是做事的各种"条条框框"。将"用来判定技术或成果好不好的根据"广泛化，就得到了"用来判定是不是某一事物的根据"。技术意义上的标准就是一种以文件形式发布的统一协定，其中包含可以用来为某一范围内的活动及其结果制定规则、导则或特性定义的技术规范或者其他精确准则，其目的是确保材料、产品、过程和服务能够符合需要。标准是科学、技术和实践经验的总结。科学、技术和经验的综合成果是标准形成的基础。

近几十年来，国际标准化组织（ISO）和国际电工委员会（IEC）等权威机构曾经多次通过发布指南的形式对标准化基本术语进行规范。《标准化工作指南 第 1 部分：标准化和相关活动的通用词汇》GB/T 20000.1-2014 条目 5.3 中对标准描述为：通过标准化活动，按照规定的程序经协商一致制定，为各种活动或其结果提供规则、指南或特性，供共同使用和重复使用的一种文件。《标准化工作指南 第 1 部分：标准化和相关活动的通用术语》GB/T 20000.1-2014 附录 A 表 A.1 序号 2 中对标准的定义是：为了在一定范围内获得最佳秩序，经协商一致制定并由公认机构批准，为各种活动或其结果提供规则、指南或特性，供共同使用和重复使用的一种文件。

（2）标准的对象

《标准化工作指南 第 1 部分：标准化和相关活动的通用术语》GB/T 20000.1-2014 对标准化对象的定义是指"需要标准化的主题"。定义中的"主题"通常针对实体，实体通常是指"能被单独描述和考虑的事物"。标准最初表现在语言、文字以及符号的使用中，这是社会交往和文化交流的需要；标准表现在计算、计时、度量中，这是生产、生活、交换的需要；表现在建筑和交通运输规范中，这是居住和出行的需要；标准还表现在石器、青铜器的生产制造中，这是祭祀、生产和战争的需要。从上述内容看出，只有"需要"标准化的，才能成为标准化对象。

在国民经济的各个领域中，凡具有多次重复使用和需要制定标准的具体产品，以及各种定额、规划、要求、方法、概念等，都可成为标准化对象。标准化对象一般可分为两种类型：一种是标准化的具体对象，即需要制定标准的具体事物；另一种是标准化的总体对象，即各种具体对象的总和所构成的整体，通过它可以研究各种具体对象的共同属性、本质和普遍规律。

标准涉及的对象类型不同，反映到标准的文本上体现为其技术内容及表现形式的不同。从不同的角度可以把标准化对象进行不同的区分。ISO（国际标准化组织）、IEC（国际电工委员会）将标准化对象概括为产品、过程和服务三类，据此可以把标准分为产品标准、过程标准和服务标准三类。WTO（世界贸易组织）关心的是贸易和交流，它将贸易分为货物贸易和服务贸易两类，实际上是把 ISO、IEC 所指的产品、过程或服务中的产品和服务两项合并为一项，与过程（交流）对应。根据 WTO 的原则，可以更简单地把标准分为过程标准和结果标准两大类。

（3）标准的载体

标准既然是提供给有关各方共同重复使用的规则，就需要有例如技术指标、技术要求、检测方法、规则以及实现形式等之类的核心内容，这些内容是标准的核心和重要内涵。但是标准应该让更多人知晓并为之服务，因此就要有它的传递形式，有它的载体。倘若没有一定的载体作为标准的外在表现形式，标准的内在要求就无从谈起，也无法供多人共享和传递。因此，无论什么标准，总要表现为一种文件。因此，标准的载体即标准的表现形式是一种文件。最初标准的载体表现为纸质的文件，现在不只有纸质文件，也有磁盘、光碟、网络等电子版的文件。

2. 标准化的概念

标准化就是围绕标准所展开的一系列活动，以便达到标准化的状态。《标准化工作指南 第 1 部分：标准化和相关活动的通用术语》GB/T 20000.1-2014 对标准化的定义是指"为了在既定范围内获得最佳秩序，促进共同效益，对现实问题或潜在问题确立共同使用和重复使用的条款以及编制、发布和应用文件的活动"。

  注：1. 上述活动主要包括编制、发布和实施标准的过程。

    2. 标准化的主要作用在于为了其预期目的改进产品、过程或服务的适用性，防止贸易壁垒，并促进技术合作。

  标准化是指在经济、技术、科学和管理等社会实践中，对重复性的事物和概念，通过制订、发布和实施标准达到统一，以获得最佳秩序和社会效益。例如公司标准化是以获得公司的最佳生产经营秩序和经济效益为目标，对公司生产经营活动范围内的重复性事物和概念，以制定和实施公司标准，以及贯彻实施相关的国家、行业、地方标准等为主要内容的过程。

  标准化是一项制订条款的活动，所制订的条款应具备的特点是能够共同使用和重复使用，条款的内容是现实问题或潜在问题，制订条款的目的是在既定范围内获得最佳秩序。这些条款将构成规范性文件，也就是标准化的结果是形成条款，一组相关的条款就形成规范性文件。如果这些规范性文件符合制订标准的程序，经过公认机构发布，就成为标准，所以标准是标准化活动的结果之一。

（二）标准化发展历程

标准化发展历程共分为古代标准化、近代标准化和现代标准化三种。

1. 古代标准化

从旧石器时代到1782年工业革命开始前。这一时期标准化的主要对象是：语言、文字、手工工具、计量器具、货币、兵器等。

我国是一个拥有5000年悠久历史的文明古国，标准化在古代已经开始出现。人类从原始的自然人开始，在与自然的生存搏斗中无法避免需要交流感情和传达信息，因此逐步发展产生了原始的语言、符号、记号、象形文字和数字，西安半坡遗址出土陶钵口上刻划的符号可以说明它们的萌芽状态。元谋、蓝田、北京出土的石制工具说明原始人类开始制造工具，样式和形状从多样走向统一，建筑洞穴和房舍对方圆高矮提出的要求。

从第一次人类社会的农业、畜牧业分工中，由于物资交换的需要，秉承公平交换、等价交换的原则，决定度、量、衡单位和器具标准统一，逐步从用人体的特定部位或自然物到标准化的器物。当人类社会第二次产业大分工（农业、手工业分化）时，为了提高生产率，对工具和技术规范化就成了迫切要求，从遗世的青铜器、铁器上可以看到当时科学技术和标准化水平的发展，如春秋战国时代的《周礼·考工记》就有青铜冶炼配方和30项生产设计规范和制造工艺要求，如用规校准轮子圆周；用平整的圆盘基面检验轮子的平直性；用垂线校验辐条的直线性；用水的浮力观察轮子的平衡，同时对用材、轴的坚固灵活、结构的坚固和适用等都作出了规定，不失为严密而科学的车辆质量标准。之后的各个朝代都有生产标准化方面的记载，例如在工程建设上，我国宋代李诫《营造法式》对建筑材料和结构作出了规定；同样在宋代，王安石编著的《军器法式》共分为110卷，其中47卷为军器制造标准，1卷为材料标准。以上几本书籍均表明了当时在建筑、冶金、车辆、兵器等方面标准化程度已比较高。

秦统一中国之后，用政令对量衡、文字、货币、道路、兵器进行大规模的标准化，用律令如《工律》、《金布律》、《田律》规定"与器同物者，其大小长短必等"是集古代工业标准化之大成。宋代毕昇发明的活字印刷术，运用了标准件、互换性、分解组合、重复利用等标准化原则，更是古代标准化的里程碑。明朝宋应星编著的《天工开物》书中记载了当时工农业生产各项技术、规格、工艺过程等，生动形象地反映了当时生产的标准化程度。明代李时珍编著的《本草纲目》内容丰富，对各种药物、特性、制备工艺作出了相关规定，可视为标准化"药典"。

2. 近代标准化

从工业革命时期到 20 世纪中叶。主要标志是：工业革命的开始（1782 年瓦特发明蒸汽机为主要标志），生产规模的扩大和企业分工的细化提出了标准的需求，标准的产生与近代企业的发展密切相关。

近代标准化是机器大工业生产的产物，伴随着 18 世纪中叶产业革命的产生和发展。蒸汽机、机床的应用，使得生产日益复杂化，分工日益精细化，协作日益广泛化，标准和标准化因此得到迅速发展。如 1798 年美国艾利·惠特尼在武器工业中用互换性原理以成批制造零部件大量组装步枪，制定了相应的公差与配合标准，满足了当时美国独立战争的需要；同样在 18 世纪末，英国的莫兹利和他的学生惠特沃思提出了第一个螺纹牙型标准，并于 1904 年以英国标准 BS84 颁布；1897 年英国斯开尔顿建议在钢梁生产中实现生产规格和图纸统一，并促成建立了工程标准委员会；1901 年英国标准化学会正式成立；1902 年英国纽瓦尔公司为了满足大量生产具有互换性零部件的需要，制定了公差和配合方面的公司标准——"极限表"，这是最早出现的公差制，后正式演变为英国标准 BS27；1906 年国际电工委员会（IEC）成立；1911 年美国的泰勒发表了《科学管理原理》，应用标准化方法制定"标准时间"和"作业"规范，在生产过程中实现标准化管理，提高了生产率，创立了科学管理理论；1914 年美国福特汽车公司运用标准化原理把生产过程的时空统一起来创造了连续生产流水线；1927 年美国总统胡佛就得出了"标准化对工业化极端重要"的论断。此后，荷兰（1916 年）、菲律宾（1916 年）、德国（1917 年）、美国（1981 年）、瑞士（1918 年）、法国（1918 年）等，到 1932 年已有 25 个国家相继成立了国家标准化组织，在这基础上 1926 年在国际上成立了国家标准化协会国际联合会（ISA），标准化活动由企业行为步入国家管理，进而成为全球的事业，活动范围从机电行业扩展到各行各业，标准化使生产的各个环节，各个分散的组织到各个工业部门，扩散到全球经济的各个领域，由保障互换性的手段发展成为保障合理配置资源、降低贸易壁垒和提高生产力的重要手段。1946 年国际标准化组织（ISO）正式成立，现在世界上已有 100 多个国家成立了自己的国家的标准化组织。

3. 现代标准化

从 20 世纪中叶至今。主要标志是 1947 年诞生了 ISO 组织；经济全球化促进了国际贸易，国际贸易催生了现代标准化。

工业现代化进程中，由于生产和管理高度现代化、专业化、综合化，伴随而来的必然是标准化的现代化。20 世纪初，"泰勒制"和"福特制"的诞生与传播，标志着现代标准化的开始。美国泰勒经过潜心研究，把零部件等实物标准化提高到方法和管理的层面上，使操作方法、工时定额以及有关的管理规程都纳入标准化，出版了《科学管理原理》一书，系统论述了关于企业定额管理、作业规程管理等理论和方法，并且被称为"泰勒制"，大大提高了生产效率。

一项产品或工程、过程或服务，往往涉及几十个行业和几万个组织及许多门的科学技术，从而使标准化活动更具有现代化特征。标准化的特点从个体水平评价发展为整体、系统评价；标准化的对象从静态演变为动态、从局部联系发展到综合复杂的系统。现代标准化更需要运用方法论、系统论、控制论、信息论和行为科学理论的指导，以标准化参数最优化为目的，以系统最优化为方法，运用数字方法和电子计算技术等手段，建立与全球经济一体化、技术现代化相适应的标准化体系。目前，要遵循世界贸易组织贸易技术壁垒协定的要求，加强诸如国家安全、防止欺诈行为、保护人身健康或安全、保护动植物生命产健康、保护环境等方面以及能源利用、信息技术、生物工程、包装运输、企业管理等方面的标准化，为全球经济可持续发展提供标准化支持。

在这一时期，我国的现代标准化发展分为三个阶段，具体如下：

第一阶段：从中华人民共和国成立～20世纪60年代以前。

① 1949年10月成立中央技术管理局

② 1957年在国家技术委员会内设标准局

③ 1958年国家技术委员会颁布第一号国家标准

④ 1962年发布我国第一个标准化管理法规

⑤ 1963年4月，第一次全国标准化工作会议召开

第二阶段：从改革开放到20世纪末。

① 1978年5月，国务院成立了国家标准总局

② 1979年7月，国务院颁布了《中华人民共和国标准化管理条例》

③ 1988年7月，国务院决定成立国家监督局

④ 1988年12月，第七届全国人大常委会第五次会议通过了《中华人民共和国标准化法》

⑤ 1990年，国务院颁布《中华人民共和国标准化法实施条例》

第三个阶段：进入21世纪以后。

① 2001年4月，党中央、国务院决定在组建国家质量监督检验检疫总局

② 2001年10月，经国务院批准，国家标准化管理委员会暨中华人民共和国国家标准化管理局正式成立

③ 2001年12月，中国正式加入世界贸易组织

④ 2002年，全国科技工作会议提出了实施"人才、专利、技术标准"三大战略

⑤ 2008年10月，我国正式成为ISO常任理事国

⑥ 2011年10月，我国正式成为IEC常任理事国

⑦ 2012年5月，国家海洋局、国家标准委联合发布《全国海洋标准化"十二五"发展规划》

⑧ 2012年6月，卫生部等8个部门发布了《食品安全国家标准"十二五"规划》

⑨ 2012年7月，国务院公布了《国家基本公共服务体系"十二五"规划》

⑩ 2015年6月，我国标准化改革第一阶段，积极推动改革试点工作

⑪ 2017年1月，我国标准化改革第二阶段，稳妥推进向新型标准化过渡

⑫ 2017年11月4日，第十二届全国人民代表大会常务委员会第三十次会议修订《中华人民共和国标准化法》（2018年1月1日起施行）

（三）标准化原理与方法

1. 国外标准化理论

（1）桑德斯理论

桑德斯，英国标准化专家。1963年到1972年担任ISO标准化原理委员会主席。1972年ISO出版了桑德斯所著的《标准化的目的与原理》，内容基本上是对20世纪60年代以前西方工业国家，主要是英、法两国标准化工作经验的总结。其主张：

1）标准化从本质上看，是社会有意识地努力达到简化的行为；

2）标准化活动不仅是经济活动，也是社会活动；

3）仅限于制定、出版标准的标准化工作是毫无意义的，标准的出版是为了实施，不实施就没有任何价值；

4）制定标准要慎重地选择对象和时机，一般在开发阶段结束时制定标准为宜，且标准应该在一定时间内保持相对稳定，不能朝令夕改；

5）标准在规定的时间内要进行复审和必要的修订；

6）在标准中规定产品性能和其他特性时，必须规定测试方法和必要的试验装置；

7）国家标准以法律形式实施应根据标准的性质、社会工业化程度、现行法律情况等慎重考虑。

（2）松浦四郎理论

松浦四郎，日本政法大学教授。1961年起为ISO标准化原理委员会成员，先后出版了《工业标准化原理》《简化的经济效果》《产品标准化》等研究成果。松浦四郎在其1972年出版的《工业标准化原理》总结中主张：

1）标准化本质上是一种简化，其含义包括：从复杂到简单，从多样化到统一，从多到少，从无序到有序等，这是社会自觉努力的结果。简化就是减少某些事物的数量；标准化不仅能简化目前的复杂性，而且能预防将来产生不必要的复杂性；当简化有效时它就是好的。

2）标准化是一项社会活动，不但需要社会各方面相互协作共同推动，还需要克服过去形成的社会习惯，而社会习惯势必是一种不可低估的阻力。

3）标准化的目的是实现最佳的"全面经济"，必须从长远的观点和全球的高度来对待"全面经济"，这就需要制定和实施统一的国际标准。

4）简化决定于互换，互换不仅适用于物质的东西，也适用于抽象的概念和思维。

5）制定标准要慎重选择并保持稳定。标准要定期评审和及时修订。制定标准的方法应以全体一致同意为基础。对于有关人身安全和健康的标准，依法实施是必要的。

其他以法律形式实施的标准要考虑标准的性质和社会工业化水平等。

松浦四郎理论在《工业标准化原理》一书中，创造性地借鉴了热力学定律的社会学意义，将"负熵"的概念引入了标准化。松浦四郎认为，在我们的生活中，知识和事物增加的趋势，同宇宙中熵的增加的趋势极为相似。人类为了获得效率更高的生活，就不得不有意识地限制不必要甚至是有害的增长。标准化活动就是这种限制性措施，从而使事物从无序状态恢复到有序化。他认为标准化实际上是人们为创造负熵所做的努力。

2. 我国标准化理论

我国的标准化理论研究起步较晚。1974年，以李春田为代表的中国标准化工作者首次提出"优化、统一、简化是标准化的基本方法"，"在优化的基础上统一和简化是标准化最基本的特点"。1980年前后，又进一步概括为："统一"、"简化"、"选优"和"协调"，形成了较为系统的理论。

（1）统一原理

人类的标准化活动就是从统一化开始的。统一原理就是为了保证事物发展所必须的秩序和效率，对事物的形成、功能或其他特性，确定适合一定时期和一定条件下的一致规范，并使这种一致规范与被取代的对象在功能上达到等效。统一的范围越大，程度越高，标准化活动的效果就越好。

统一原理包含以下要点：

1）一致性原则。统一是为了确定一组对象的一致规范，其目的是保证事物所必须的秩序和效率；

2）等效性原则。统一的原则是功能等效，从一组对象中选择确定一致规范，应能包含被取代对象所具备的必要功能；

3）时间和条件原则。统一是相对的，确定的一致规范，只适用于一定时期和一定条件，随着时间的推移和条件的改变，旧的统一就要由新的统一所代替。

（2）简化原理

简化是标准化的最一般的原理，标准化的本质就是简化。简化不是随心所欲的抛弃，而是通过标准化活动把多余的、可替换的、低功能的环节简化掉。简化要确定必要的范围界限，还要确定必要的合理性界限。既必要又合理的简化才能达到"总体功能最佳"。

简化原理包含以下要点：

1）简化的目的是为了经济，使之更有效地满足需要。

2）简化的原则是从全面满足需要出发，保持整体构成精简合理，使之功能效率最高。所谓功能效率系指功能满足全面需要的能力。

3）简化的基本方法是对处于自然状态的对象进行科学的筛选提炼，剔除其中多余的、低效能的、可替换的环节，精练出高效能的能满足全面需要所必要的环节。

4）简化的实质不是简单化而是精练化，其结果不是以少替多，而是以少胜多。

（3）协调原理

所谓协调，原意是指协和一致、配合有力。协调原理就是为了使标准的整体功能达到最佳，并产生实际效果，必须通过有效的方式协调好系统内外相关因素之间的关系，确定为建立和保持相互一致，适应或平衡关系所必须具备的条件。

协调原理包含以下要点：

1）协调的目的在于使标准系统的整体功能达到最佳并产生实际效果；

2）协调对象是系统内相关因素的关系以及系统与外部相关因素的关系；

3）相关因素之间需要建立相互一致关系（连接尺寸），相互适应关系（供需交换条件），相互平衡关系（技术经济招标平衡，有关各方利益矛盾的平衡），为此必须确立条件；

4）协调的有效方式有：有关各方面的协商一致，多因素的综合效果最优化，多因素矛盾的综合平衡等。

（4）最优化原理

按照特定的目标，在一定的限制条件下，对标准系统的构成因素及其关系进行选择、设计或调整，使之达到最理想的效果，这样的标准化原理称为最优化原理。标准化的最终目的是取得最佳效益。因此在标准制定和实施过程中，一定要贯彻最优化原则。没有最优，就没有标准化。

中国高级工程师洪生伟先生在其撰写的《标准化管理》(2003) 总结出标准化活动八项原则。

1）超前预防原则：标准化的对象不仅要在依存主体的实际问题中选取，而且更应从潜在问题中选取，以避免该对象非标准化后造成的损失。

2）系统优化原则：标准化的对象应该优先考虑其所依存主体系统能获得最佳效益的问题。

3）协商一致原则：标准化的成果应建立在相关各方协商一致的基础上。

4）统一有度原则：在一定范围、一定时期和一定条件下，对标准化对象的特性和特征应做出统一规定，以实现标准化的目的。

5）变动有序原则：标准应依据其所处环境的变化而按规定的程序适时修订，才能保证标准的先进性和适用性。

6）互换兼容原则：标准应尽可能使不同的产品、过程或服务实现互换和兼容，以扩大标准化效益。

7）阶梯发展原则：标准化活动过程是阶梯状的上升发展过程。

8）滞阻即废原则：当标准制约或阻碍其（标准化对象）依存主体的发展时，应立即废止。

(四) 标准化重要性与作用

在人类文明发展史上，从最初度量衡的规范，到现在的 ISO 认证，标准和标准化在生产实践中始终起着至关重要的作用。标准化水平的提升，促进着产品质量和管理水平的提升。标准化水平是一个国家经济社会发展水平的重要标志，是创新发展的引领和推动力量。标准化对经济、技术、科学和管理等社会实践有重大意义。对于一些复杂的事物和概念，只有通过制订、发布和实施标准达到统一，才能获得最佳秩序和社会效益。实践证明，标准化在社会经济发展中起着不可替代的重要作用，具体表现在以下几个方面：

（1）促进世界互联互通，推动贸易发展

标准是人类文明进步的成果。从中国古代的"车同轨、书同文"，到现代工业规模化生产，都是标准化实践的体现。伴随着经济全球化深入发展，标准化在便利经贸往来、支撑产业发展、促进科技进步、规范社会治理中的作用日益凸显。标准已成为世界"通用语言"。世界需要标准协同发展，标准促进世界互联互通。

当今世界已经被高度发达的信息和贸易联成一体，贸易全球化、市场一体化的趋势不可阻挡，而真正能够在各个国家和各个地区之间起到联结作用的桥梁和纽带就是技术标准。只有按照同一标准组织生产和贸易，市场行为才能够在更大的范围和更广阔的领域发挥应有的作用，人类创造的物质财富和精神财富才能在更大范围内为人类所共享。

标准不但为世界一体化的市场开辟了道路，也同样为进入这样的市场设置了门槛。随着贸易自由化在全球的推进，标准已成为产品和服务走向国际市场的"通行证"。总之,标准决定着市场的控制权,标准是市场竞争的制高点。

（2）助力创新发展，引领时代进步

标准化助力创新发展。标准化是企业的技术创新与产品开发的基础，企业的新产品的设计、制造、测试、信息化管理、市场化开拓等都离不开标准化，新产品的开发、产品的定型、规模化生产、市场化形成等需要大量借助于已有的标准成果。中国将积极实施标准化战略,以标准助力创新发展、协调发展、绿色发展、开放发展、共享发展,深化标准合作,加强交流互鉴,共同完善国际标准体系。

标准化引领时代进步。国际标准是全球治理体系和经贸合作发展的重要技术基础。国际标准化组织作为最权威的综合性国际标准机构,制定的标准在全球得到广泛应用。与会成员集思广益、凝聚共识,共同探索标准化在完善全球治理、促进可持续发展中的积极作用,为创造人类更加美好的未来作出贡献。

(3)科学管理的基础

标准化有利于实现科学管理和提高管理效率。现代生产讲的是效率,效率的内涵是效益。1798年,惠特尼在制造武器中运用标准化原理,成批制造可以互换的武器零部件,为大规模生产开辟了新路;1911年弗雷德里克·温斯洛·泰勒根据标准化的方法制定了"标准时间"和"动作研究",证明标准化可以大规模提高劳动生产率。因此,在企业管理中,无论是生产、经营,还是核算、分配,都需要规范化、程序化、科学化,都离不开标准。现代企业实行自动化、电算化管理,前提也是标准化。

(4)提高质量和保护安全

标准是检验产品、监督工程、测评服务和市场监管的依据。标准化有利于稳定和提高产品、工程和服务的质量,促进企业走质量效益型发展道路,增强企业素质,提高企业竞争力;保护人体健康,保障人身和财产安全,保护人类生态环境,合理利用资源;维护消费者权益。标准为产品质量提供准绳,是检验产品质量的依据。严格地按标准进行生产,按标准进行检验、包装、运输和贮存,产品质量就能得到保证。标准的水平标志着产品质量水平,没有高水平的标准,就没有高质量的产品。

(五)标准化发展趋势

1. 国际标准化发展趋势

21世纪的世界是一个全球化的世界,是一个高科技的世界,是一个产权化的世界,是一个市场化的世界。随着国际市场竞争日趋激烈,世界各国为了提高自身竞争力,争夺、抢占国际市场,纷纷强化了标准化工作。在这种背景下,世界各国把标准化当作保护自身利益的重要手段来制定相关战略和政策,标准化工作呈现出新的发展趋势。

(1)标准化的地位和作用日益重要

20世纪70~80年代,工业发达国家相继出现新技术革命浪潮,影响深远。当代国际经济竞争、企业竞争在很大程度上表现为标准的竞争,标准在国际经济、科技、军事、文化、贸易等领域发挥着十分重要的作用。30多年以来至今的大量实践证明,全球经济一体化进程加快的同时,标准已经冲破国界,存在于人类活动的地方并发挥作用。世界各国的标准都在向国际标准靠拢,国际标准化机构日益壮大,国际标准化活动空前频繁。

标准化始终随着生产的发展而发展,随着技术的进步而进步。标准化不但不会消亡,而且会发挥越来越重要的作用,因为人类社会都需要纪律约束,而标准化则是实现有序化和进行纪律约束的最佳途径。所以人类的发展离不开标准化,标准化发展前景十分广阔。

正如工业化社会中有许多需要通过标准化来解决的难题一样,在信息化社会里将有更多复杂的难题需要借助于标准化去解决。在信息化时代,不但制造业离不开标准化,其他各行各业也同样离不开标准化,比如离开一系列银行卡和金融安全等方面的标准,金融电子化就无法开通等。除此之外,办公自动化、远程教育和远程医疗等行业也都离不开标准化。

当网络产品生产企业实现产业化,即形成网络经济时,标准化的作用将尤为明显。因为当某产品的市场份额占较大比例时,该产品就成了市场上的主导产品,制造该产品的企业就能创立完整的产业,企业就要最大限度地把自己的产品标准转变为产业标准，否则，该企业就会失去垄断市场的机会。发展一个产业与壮大一个公司有天壤之别。两者的收益差距之大，是不言而喻的。更为重要的是，网络经济改变了传统经济中的"收益递减规律"。所谓收益递减规律，举个通俗的例子：消费者吃得越饱、饥饿感就越小，对食物的需求就越少，因此食品商的收益也就越小。而在网络经济中，消费者吃得越多，就越感到饥饿。例如，微软公司的用户需要越来越多的该公司的产品，因为软件用户已被锁定在某一个文字处理系统或排版系统上，他们不愿学习使用新的系统，于是不断购买原系统的新版本。这样，吸引用户的一种产品、一项服务或一个创意就可以取得偶像地位，并在消费者心目中形成一种时尚，从而取得主流地位。而主流化了的产品、服务或创意，能自身获得动力，使收益递增，这些成效的取得，都应归功于标准化。

更值得一提的是，经济发展的国际化和贸易全球化把标准的国际化问题提到前所未有的战略高度。国际贸易的发展和世界贸易组织（WTO）的建立，成了标准国际化的强大推进器。1977年签订的关税及贸易总协定/技术性贸易壁垒协定（GATT/TBT协定，又称"标准守则"）中明确规定：在一切需要有技术法规和标准的地方，当已经有国际标准或相应的国际标准即将制定出来时，缔约方均应以这些国际标准或标准的有关部分，作为制定本国技术法规和标准的依据，目的是为了克服因各国标准不一致而造成的技术障碍。1995年，WTO/TBT协定又重申了这一原则。这一国际游戏规则的确立，不仅促使国际标准化活动空前活跃，而且使全世界各国都认识到，采用国际标准是商品进入世界市场的有力竞争武器。

国际市场竞争的现实告诉我们：一流企业卖标准，二流企业卖技术，三流企业卖产品。对一个企业而言，控制国际标准是应对市场竞争的有力武器。因此，各国都非常重视标准化，并且都制定了各具特色的标准化发展战略和相关政策。一方面，各国在国际标准制定中争取主导权，把本国标准转化为国际标准；另一方面，各国都积极采取措施使本国标准不断与国际标准衔接、协调一致。

（2）标准化所涉及的领域越来越广

标准化工作遵循着可操作性原则、科学性原则、系统优化原则、通用可比原则和目标导向原则，涉及的范围日益扩大。国际标准化活动首先是从材料工业开始的，以后才逐渐扩展至整个工业及工程建设、农业生产和交通运输等领域。近30年来，标准化涉及的领域不断扩大，环境保护标准化和能源标准化已引起国际标准化机构和世界各国的普遍关注，因为人类赖以生存的自然环境日益恶化，各种资源和能源越来越少。

近年来，标准体系越来越强调保护人身健康和安全、保护动植物的生命和健康、防止环境污染、体现可持续发展，反映出标准扩展的倾向性，极大促进了标准化工作种类，相关强制性、指导性或事实性技术标准不断增加。健康、安全、环保、节能、信息、贸易等领域将成为各国标准化的战略重点。

由于科学技术的迅速发展，特别是高新技术与产业的迅速发展，人类进入了新技术革命时期，国际标准化活动也由侧重传统工业的标准化向高新技术和高新技术产业的标准化转移，促使标准化与高新技术的发展同步。新技术革命拓宽了标准化的时空领域，增强了标准化与经济、技术和社会发展的关系，使标准化大有用武之地。

服务业是近10年来兴起的标准化新领域，并日益受到国际标准化、区域标准化以及国家标准化机构的关注。近几十年来，服务业有了长足发展，并已成为国民经济的支柱产业。服务业发展水平是衡量一个国家发展水平的重要标志。欧洲标准化委员会（CEN）从1994年10月开始意识到服务标准化的重要性，并设立了服务标准化工作组，其任务是分析研究欧洲服务领域标准化现状、标准需求以及未来发展趋势，制定工作计划。CEN在1998年公布的"CEN2010发展战略"中，重申了服务标准化的重要性。

（3）标准更新换代的速度加快

据1990年统计，ISO和IEC制定一个国际标准，平均需要7.5年时间。为了改变这种被动局面，ISO和IEC曾采取了各种措施缩短标准制定周期。2000年以来，ISO总部及其技术委员会实现了计算机化，采用了先进的通信手段，并启动了电子征询意见程序，从而大大提高了工作效率。同时，德国标准化学会（DIN）为了加快标准制定速度，1999年10月DIN主席决定，从提出标准化动议到正式出版标准的整个周期，不得超过36个月，并将这一决定正式纳入新修订的《标准化工作第4部分：工作流程》DIN820中。并同时规定，国家标准项目如果在24个月内没有取得明显的进展，或者在批准立项后5年内没有提出标准草案，同时也没有向DIN总部做出合理的解释，则将该项目从工作计划中删除。在以后适当的时候，经批准后重新立项。

从发达国家的标准化工作的发展过程的研究中可以发现，制定技术标准的时间是在逐渐缩短的，其根本原因是市场中有对新技术标准的快速需求和相应的强有力的人、财、物及高新技术的支撑。因此，标准制定的时间有大大缩短的趋势。按发展趋势预计，未来制定的时间可能会由几年缩短为一两年，一些特殊领域里甚至会出现以月计算的现象。

（4）标准数量不断增长，标准出版形式日益增多

据 ISO 统计，目前世界上共有 1000 多种标准，约 75 万件，连同标准化方面的会议文件、技术报告等，总数达 120 万件之多，并有进一步增长的趋势。

20 世纪 80 年代以来，为了适应国际贸易往来和科技交流的需要，特别是为了满足信息、通信等高新技术及其产业对标准日益增长的需要，国际标准化组织（ISO）、国际电工委员会（IEC）等国际标准化机构进行了大量探索、改革、不断创新，试图突破传统的标准化工作方式，找到一些更贴近社会需要、应对迅速的标准制定方式和方法，并于 20 世纪 80 年代中、后期相继试点推出了技术趋势文件（TTD）、IEC 协议（IEC Convention）、ISO/IEC 技术趋势评估（TTA）、ISO/IEC 国际标准化模式（ISP）等文件。

几年前，在国际、欧洲和国家三个层面上曾就标准化工作成果的表现形式及其未来走向问题展开大讨论。在这次大讨论中，有 5 种比较稳定的标准文件形式已被广泛认同，其中，3 种属于标准文件（标准、技术规范与技术协议），2 种为信息类文件（技术报告与导则）。标准、技术规范和技术报告是由技术委员会制定的，而技术协议和导则是由外部机构制定的。

1999 年 10 月 28 日，欧盟委员会在其"欧洲标准化的作用"决议中强调指出，传统的标准化过程，尤其是对解决安全、健康、环境保护等问题，今后还是不可或缺的。欧盟委员会鼓励欧洲标准化机构研究建立 1 个由不同于正式标准的标准产品构成的多层次的体系，其中，每一种标准产品均有其相应的制定方法和协商程序，并且考虑在适当的时候，尽快地将这些标准产品转化为正式标准。

2001 年，欧洲标准化委员会（CEN）技术管理局（BT）通过了 BT9/2001 号决议，决定采用新的出版物形式，以与 ISO/IEC 标准出版物相协调一致。包括：欧洲标准（EN）、技术规范（EN/TS）、CEN 技术协议（CWA）、CEN 导则

（CEN-Guide）、技术报告（CR）以及公用规范6种形式。

（5）标准作为国际贸易壁垒作用增强

标准规范能为消费者获取信息、环境保护和相关货物、服务贸易的兼容性做出贡献，与此同时，标准同样可以成为贸易保护措施，增加发展中国家的出口费用。随着贸易全球化的发展，标准以惊人的速度在国际贸易中应用，它的作用越来越明显。然而，在贸易保护主义盛行的今天，标准也成了贸易保护的手段，并且标准作为贸易保护措施的作用越来越大。

2. 中国标准化发展趋势

21世纪的前20年，是中国完善社会主义市场经济体制，全面建设小康社会，实现经济、社会和谐与繁荣的极为重要的战略机遇期。在这一历史进程中，技术标准对推动中国经济发展和社会进步将起到不可替代的技术基础作用。在21世纪我国标准化工作面临着新的国际、国内形势。2001年11月中国加入了世界贸易组织（WTO），一方面预示着我国将在更广的范围和更深的程度融入经济全球化进程，另一方面也意味着关税壁垒、进口许可证、配额限制等措施和不符合国民待遇要求的保护性政策，都将随着过渡期的结束而被取消。在新的国际环境下，要全面审视我国的技术标准体制对WTO规则和全球经济的适应性，要按照WTO规则的要求来营造我国的贸易环境，以便使我国的经济融入世界经济的大潮之中；2002年10月，中共十六大提出了全面建设小康社会的奋斗目标，并提出"建成完善的社会主义市场经济体制，以及大力实施科教兴国战略和可持续发展战略"的具体目标。这对技术标准提出了新的需求；2012年11月，中共十八大提出"深化经济体制改革，推进经济结构战略性调整，全面提高开放型经济水平"的具体目标，推进了标准化的建设与发展。

我国的标准化工作发展趋势：

（1）标准运行过程规范，更加重视程序管理。标准制修订程序更加公开、公正、公平、透明。

（2）强制性标准与市场自主选择标准并存。涉及人身健康和生命财产安全、国家安全、生态环境安全以及满足经济社会管理基本需要的技术要求等方面的必须通过强制性标准加以规范，其他方面则通过市场自主选择标准规范。

（3）自愿性标准体制的建立使得对于同一标准化对象，各个层次标准之间可以竞争，没有代替关系。哪个标准被使用，完全由用户来决定，使用者可自愿选择使用哪一个标准。竞争才会产生适用的标准，这样保证了没有市场的标准将被淘汰，标准的市场适应性得到加强。

（4）通过实施技术标准制定与科技研发协调发展的策略，既使标准跟上科技发展的步伐，通过标准加速科技成果的产业化，又通过技术标准带动科技进步，推动科技的发展，进一步提高标准的科技水平。

（5）我国的标准化工作将在实质参与国际标准化活动方面实现突破，达到以具有较高科技含量的"中国标准"为基础制定国际标准，通过中国制造的"国际标准"，使我国在国际经济竞争中处于有利的地位，对国际标准化工作作出较大贡献。

（6）标准的法律环境建设将逐步完善，健全完备的标准的法规体系将得到建立。

（7）标准的管理运行将实现信息化，标准服务信息化将保障广大企业、消费者及时快速了解标准化信息，从而参与国家、国际标准化活动。

一、标准化概论

(六)标准化及其战略

1. 我国标准化战略的制定

习近平主席在致第三十九届国际标准化组织大会的贺信中指出"中国将积极实施标准化战略,以标准助力创新发展、协调发展、绿色发展、开放发展、共享发展",并向世界宣告愿"共同完善国际标准体系"。借鉴发达国家标准化战略,我国在标准化战略制定时应从以下几个方面着手:

(1)明确标准化战略的重点,参与国际标准制定

我国应该结合当今国际社会发展的趋势,确定我国标准化战略重点。世界各国消费者都重视产品的健康、安全和环境保护,而且发达国家以健康、安全和环境保护为由,不断对我国产品设置技术贸易壁垒,因此,我国应该将战略重点放在公众十分关注的健康、安全和环境保护领域及其他社会热点问题。

(2)积极参与国家标准和区域标准的制定

多年来,以英、法、德为主的西欧国家和美国一直将很多精力和时间放在国际和区域标准化活动上,企图长期控制国际标准化的技术大权,并且不遗余力地把本国标准变成国际标准。

(3)政府高度重视标准化,并提供政策和财政支持

我国政府应高度重视标准化,并为企业标准化过程提供政策和财政方面的支持。日本在2000年4月制定的"国家产业技术战略(总体战略)"中提出,要最大限度地普及和应用技术开发成果的观点,把标准化作为通向新技术与市场的工具,深刻认识以标准化为目的研究开发的重要性。美国规定:NIST参加ANSI的理事会,对ANSI举办的国际标准化活动提供财政支持。加拿大鼓励在法规中及公众政策的制定中采用标准。

(4)使标准制定体系更具灵活性,并增加参与性

标准化的受益者涉及整个国家、企业以及消费者,因此,标准在制定过程中应鼓励社会各界的参与,使得标准能够体现绝大多数人的利益。

（5）积极培养标准化人才

我国与发达国家相比，人才比较匮乏，熟悉 ISO/IEC 国际标准审议规则并具有专业知识的人才更是缺乏。因此我国在国际标准化工作中很难发挥作用，我国参与制定的国际标准数量也就相对较少。

2. 全面实施标准化战略

根据习近平主席在致第三十九届国际标准化组织大会的贺信中提到的内容，要全面实施标准化战略，以标准化推动治理方式、生产方式、生活方式转变，为实现更高质量、更有效率、更加公平、更可持续的发展提供战略支撑。

（1）实施标准化战略是全面深化改革、推进国家治理现代化的必由之路

标准化在保障产品质量安全、促进产业转型升级和经济提质增效、服务外交外贸等方面正起着越来越重要的作用。实施标准化战略，更好发挥其在全面深化改革、推进国家治理现代化中的作用，有助于经济持续健康发展和社会全面进步。

推动标准创新，支撑创新驱动发展。在人类历史上，每次生产工具和生产方式的革命性变革，往往会产生新标准，并依托新标准推动社会进步。当今标准化的广度和深度深刻影响着生产力发展的速度和质量，标准化水平折射出一个国家或地区的创新能力乃至综合实力。如今新一轮科技革命和产业变革正在兴起，创新驱动发展飞速，创新成果通过标准迅速扩散和转移，市场化和产业化步伐进一步加快，推动了新业态、新模式、新产业的发展。全面实施标准化战略，就是以标准共建共享和互联互通，支撑和推动科技创新、制度创新、产业创新和管理创新，加快促进技术专利化、专利标准化、标准产业化，不断夯实创新发展的基础。

加强标准制订，助力供给侧结构性改革。"三流企业做产品，二流企业做品牌，一流企业做标准"，标准是产品和服务走向市场的通行证，代表着规则话语权和产业竞争制高点。许多跨国企业竭力把自身技术推上国际舞台，力求使之成为国际标准；一些发达国家甚至不惜动用外交、经济、援助等手段，扶植本国标准上升为国际标准。当前，标准已成为全球制造业、国际贸易乃至世界经济的必争之地。谁掌控标准话语权，谁就能占据产业主导权、拥有市场主动权。我国要更好推进供给侧结构性改革，需要在广泛采用国际标准

的同时，加快、加强先进标准的制订和修订，以高标准减少无效和低端供给、扩大有效和高端供给，提高供给体系适应需求的能力，实现供需平衡由低水平向高水平跃升。

完善标准治理，推动政府治理能力现代化。标准与法律、法规、战略、规划等一样，都是现代政府治理的核心要素。只有把标准化的理念和方法融入政府治理，以标准化方式推动"四张清单一张网"（行政权力清单、政府责任清单、投资负面清单、财政专项资金管理清单和政府服务网）改革，加强政府工作标准制订实施，构建政府职能标准体系，才能真正推动政府治理迈入制度化、规范化、科学化轨道。全面实施标准化战略，推动标准化进程深度融入政府治理活动，全方位构建政府治理标准体系，有助于推动形成"市场规范有标可循、公共利益有标可量、社会治理有标可依"的标准化格局，建成支撑现代政府治理的标准体系。

（2）把标准体系建设作为经济社会发展的基础性工程

早在2006年，习近平同志就明确指出：实施标准化战略是一项重要和紧迫的任务，对经济社会发展全局具有长远意义。直到今天，我国坚定不移实施标准化战略，建立健全标准体系和标准化管理体制，促进标准化与经济社会发展各领域、各层次深度融合。

2014年12月，"中国制造2025"这一概念被首次提出，是中国政府实施制造强国战略第一个十年的行动纲领。"中国制造2025"概念坚持"创新驱动、质量为先、绿色发展、结构优化、人才为本"的基本方针，坚持"市场主导、政府引导；立足当前、着眼长远；整体推进、重点突破；自主发展、开放合作"的基本原则，通过三步走实现制造强国的战略目标。大力推动传统块状经济向现代产业集群转变，在121个块状产业制订并推广221个团体标准，采用相关标准的企业达5.4万家。开展产业对标采标行动，支持规模以上工业企业全面对标采标，推动相关企业主导产品采标率达61.8%。积极推进农业"两区"标准化建设，创建国家级示范区127个、省级示范区1074个，全省农业标准化生产程度达62.2%。率先在全国开展电商标准体系建设，制订实施一系列电商交易和监管标准，推动电商产业快速发展。

探索构建公共服务标准体系，推进基本公共服务均等化。加强基本公共服务标准的制订修订，形成的相关地方标准基本覆盖医疗卫生、中小学教育等基本公共服务重点领域。"十二五"期间，在教育、社保、医疗、交通等16个重要领域构建基本公共服务均等化评价标准、完善基本公共服务标准清单，建立起以标准化促进基本公共服务供给能力持续提升的长效机制。积极开展行政审批标准化试点，优化行政审批办理流程，推动行政审批标准化运作。扩大标准覆盖范围，统筹城乡、区域标准，促进公共服务和公共资源均衡配置。

探索构建环保标准体系，推进生态治理长效化。以"标准化+"行动计划推进生态文明建设，开展"五水共治"（治污水、防洪水、排涝水、保供水、抓节水）、"三改一拆"（旧住宅区、旧厂区、城中村改造和拆除违法建筑）等环境综合治理行动。坚持推进"标准化+节能减排"，开展国家级美丽乡村标准化示范创建，发布实施《美丽乡村建设规范》省级标准，并上升为国家标准。

探索构建现代标准治理体系，推进标准供给制度化。在加强公共领域标准有效供给的同时，注重激发企业标准创新活力，推动市场自主制订团体标准和企业标准。大力实施"标准化+"行动计划，规划建设高水平标准体系。建立健全标准实施监督机制，将标准化指标纳入经济发展方式转变和党政领导干部实绩考核。

（3）以新发展理念为指引全面实施标准化战略

贯彻落实创新、协调、绿色、开放、共享的新发展理念是关系我国发展全局的一场深刻变革，必将引领发展方式的转变、推动发展质量和效益的提升。全面深入实施标准化战略，应大力发挥新发展理念的指引作用。

贯彻创新发展理念，以标准化助推创业创新。标准是创新成果产业化的桥梁和纽带。坚持以标准创新加快创新驱动发展，最大程度释放"标准化+"对新技术、新业态、新模式、新产业的催化效应。建立标准"领跑者"制度，建设技术标准创新基地，将重要标准研制列入科技攻关计划。建设特色小镇、科技城等区域标准创新示范区，推动高等院校、科研院所、龙头企业和行业组织协同开展标准创新。创新标准转化机制和实施机制，探索设立"标准创新基金""标准创新贡献奖"，建立先进标准事后补助机制，激励企业将创新成果和先进技术转化为标准。

贯彻绿色发展理念，以标准化保障生态文明建设成果。紧扣"五水共治"、"三改一拆"、"四边三化"（在公路边、铁路边、河边、山边等区域开展洁化、绿化、美化）等行动，建立健全治水治气、治城治乡、治土治山标准体系。

深入推进"标准化+节能减排",完善产业准入能耗、物耗、水耗等标准。开展全域生态功能区建设试点,探索以标准化引领生态文明建设的实施路径。加强对重点行业能耗限额标准实施评估,结合标准实施效果修订完善标准体系。推广农产品标准化生产管理模式,实施农业循环经济、农村新能源、土壤修复治理等标准化示范项目,推动农业标准化作业和可持续发展。

贯彻协调发展理念,以标准化加速城乡一体化发展。探索城乡一体化标准化建设路径,积极对接城市国际化、新型城镇化、农村综合改革等重点领域,扎实开展城乡一体化标准化试点。紧紧围绕推进农业转移人口市民化、优化城镇化布局等重要方面,开展新型城镇化标准化试点。以标准化理念引领美丽乡村建设,加强农村集体产权、农村社会治理等领域标准化探索,深入开展农村综合改革国家级标准化试点,推动"美丽乡村"标准升级。

贯彻开放发展理念,以标准化推动产品、装备、技术、服务走出去。标准促进世界互联互通,有利于经济全球化发展。积极推动与"一带一路"沿线国家和主要贸易国的标准化合作,共同制订优势领域国际标准;贯彻共享发展理念,以标准化促进基本公共服务均等化。从解决群众最关心最直接最现实的利益问题入手,通过标准化补齐民生短板,完善基本公共服务标准和公共服务制度,促进基本公共服务均等化和公共资源优化配置。加快公共服务标准化进程,建立健全公共教育、公共文化、公共卫生、城乡医疗、公共安全的基本标准体系,确保公共服务的公平性、可及性和质量。探索用标准化方式构建现代社会治理体系,推进基层综合治理标准化信息平台建设,实施基层社会治理标准化示范项目,持续改进基层社会治理和公共服务。

二、标准体系

（一）标准体系的概念

1. 标准体系

标准体系是一定范围内的标准按其内在联系形成的科学的有机整体。从定义中我们需要关注以下几个重点：一定范围、标准、内在联系和有机整体。下述内容分别对各自的含义进行探讨。

（1）一定范围

"一定范围"指标准体系的适用范围，是简化、统一、协调、优化的标准化领域。也可以理解为：它是标准化系统能发挥作用的有效范围。具体来说，"一定范围"可以指国际、区域、国家、行业、团体、地方以及企业范围，也可以指产品、项目、技术、事物范围。

1）标准体系的范围

标准体系作为人造系统，首先应明确系统的边界。人们在社会实践过程中，为了更好地沟通理解、达成共识，为了能顺畅地进行分工协作，更加有效地传播知识，对重复出现或应用的事物或概念及它们的共性特征作出统一规定，以便更好地理解和改造客观世界。但是，统一规定的文件不一定都是标准的。比如，为了统一人们的行为规范，制定文明守则；为了统一企业员工的作息时间，制定考勤制度；为了统一武术的套路和姿势，编制武术图谱等。这些都是为满足共同使用或重复使用而制定的统一规定，但它们不是标准，也不适合做成标准。界定哪些是标准体系应该纳入的文件，哪些是其他体系的文件，就需要明确标准体系边界，这些需要构建标准体系的标准化人员做深入的调研分析、研究讨论。

2）标准体系的组成元素

标准体系的组成元素是标准，而不是产品、过程、服务或管理项目。对于初步接触标准化的人员来说，标准体系的组成元素最不容易理解。标准体系中到底包含哪些内容，包含哪些标准，很难下手。一般情况下，如果不对标准体系做深入的调研、分析，标准体系包含的内容最容易写成产品、过程、服务或管理项目。

二、标准体系

比如，起重机器厂将本企业标准体系划分为 8t 起重机标准、16t 起重机标准、25t 起重机标准，50t 起重机标准等，或食品生产企业将企业标准体系分为馒头标准、包子标准、馅饼标准等。这些都不是正确的划分方式。

确定标准体系的组成元素，就是确定标准体系应具体包含哪几类标准或哪些子体系，这需要对标准体系的目标、标准化范围进行深入的调研、分析，找出最恰当的标准化角度，设置相应的标准子体系。选取恰当的标准化角度需要用到一个标准化的术语——"标准化对象"。

标准体系的范围可大可小。一般来说，可以是国家、行业、团体、地方或企业项目。我国现行的标准体系可分为国家标准体系、行业标准体系、地方标准体系和企业标准体系四个级别。

（2）标准

标准体系中的标准，与其他的文件相比具有如下特点：

1）规律性

标准体系中的标准就某一特定问题，从标准化角度给出统一的解决方案。而企业或其他组织机构发布的文件，一般都是一事一议，就具体问题给出具体的解决办法。

比如，某公司制定《××公司计算机系统安全管理的暂行规定》，这类文件就某一类问题规定了统一的解决方案。但从标准化角度来说，这些规范性文件缺乏统一的协调和规划，文件一多就容易产生内容上交叉重叠，对同一事项有多个文件重复规定。标准体系中的标准，在对这些文件进行统一分析基础上，抽取合适的标准化角度作为标准化对象。

2）稳定性

标准体系中的标准应具有一定的稳定性。标准的产生过程，一般要按照标准的制修订程序，经过草案、征求意见、审查、报批等程序之后，由权威机构发布实施，成为正式的标准。

企业或其他组织机构发布的文件，经常是临时性的。就具体问题给出一次性的解决方案。当又一次出现类似的问题，需要另外发布文件，这直接导致了"文山会海"的现象。

3）技术性

与规章制度等具有强制性的文件不同的是，标准体系中的标准，一般与技术直接相关，与科学性、效率、成本等直接相关。比如，考勤管理办法是企业员工出勤管理规定，由人事部门制定，具有一定的强制性，含有奖惩条款，是单位的一项管理制度；而员工的工作证编号是规定员工的身份标识，类似于公安部门颁发的身份证，属于一个技术问题，可以由信息中心与人事部门共同制定，是企业的信息分类编码标准。

（3）内在联系

内在联系是组成标准体系的子体系或标准之间相互支撑、相互作用的关系。有共性与个性标准之间的上下层关系，也有同层标准之间引用关系。对于借鉴参考或转化国际、国外标准的国内标准，还存在与国际国外标准相对应关系，一般可分为等同采用（IDT）、修改采用（MOD）或非等效（NEQ）三种关系。

上下层标准之间应具有以下关系：

1）上层标准对下层标准的指导关系；

2）下层标准对上层标准的补充关系；

3）上层标准抽取共性特征；

4）下层标准实施具体细节。

（4）有机整体

标准体系是由标准组成的有机整体，是标准的集合。这里需要注意的是，标准体系不是由结构图和标准明细表组成的图表，而是在生产运作过程中实际发挥作用的标准集合，是实际存在的文件。

标准体系作为一个整体，强调子体系及组成元素之间的支撑协调关系。标准的技术水平应比较接近，可避免某一个标准的技术指标明显落后于其他标准的水平，才能发挥整体效应。类似"水桶效应"，如果组成水桶的木板高度不同，水桶的容量由最低的那块木板决定，而不是最高的那块木板。标准体系中的标准也是如此，标准体系中的技术水平应保持大体均衡。

2. 标准体系表

为了更好地分析、研究、规划和评价标准体系，我国标准化工作人员设计了一种图表形式来表示标准体系，这种用于表示标准体系的图形和表格，即为标准体系表。《标准体系表编制原则和要求》GB/T 13016-2009 中标准体

二、标准体系

系表的定义是"一定范围的标准体系内的标准按其内在联系排列起来的图表"。标准体系表用以表达标准体系的构思、设想、整体规划,是表达标准体系概念的模型。标准体系表是由标准体系结构图与标准明细表构成,此外还包含标准统计表和编制说明。

标准体系是"一定范围内的标准按其内在联系形成的科学的有机整体"。标准体系是标准的集合,是文件组成的整体,在资料室、车间、研究室等部门的实际生产中发挥着实质性的作用。

标准体系表是表达标准体系概念的模型,用于辅助构思、设想、规划、评价标准体系。标准体系及标准体系表之间的关系可以借用语义三角关系来表达。

同样,标准体系是现实世界中标准的集合,在现实经济生活中发挥着重要作用,标准体系作为系统,分布在系统运作的各个方面,比较隐蔽和抽象,人们为了更好的交流和表达头脑中对标准体系的概念,构造了标准体系表这样一种模型,用于辅助人们认识和改造标准体系,用于规划、分析、设计和评价标准体系。各个层次的标准都有自己的体系表,如国家标准体系表、军用标准体系表、行业标准体系表、企业标准体系表等。各层次标准体系表的综合即构成总标准体系表。通过标准体系表,可以清楚地了解国家标准、行业标准或企业标准的全貌,以指导标准制定、修订计划的编制,为开展标准化活动提供蓝图。

标准体系表的主要内容包括:①一定时期内应有的全部标准;②各类标准以至各项标准之间相互连接、相互制约的内在关系;③标准的优先顺序(时间结构);④与其他行业的配合关系以及需要与其他行业配合制定的标准;⑤继续使用的现有标准以及一定日期应制定、修订和更新的标准。

(二)标准体系的结构及特征

1. 标准体系的结构

(1)现行标准体系层级结构

我国现行的标准体系包括国家标准体系、行业标准体系、专业标准体系与企业标准体系四个层次。图2-1是一个国家标准体系的层次结构示意图(依据《标准体系表编制原则和要求》GB/T 13016-2009)。

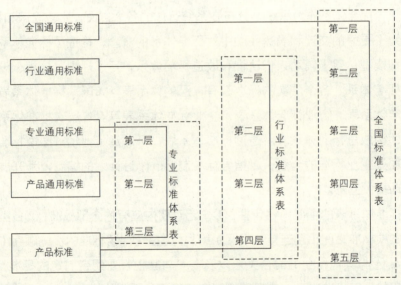

图2-1 标准体系的层次结构

从层次上来说,国家标准涵盖的范围最广。与实现一个国家的标准化目的有关的所有标准,构成这个国家的标准体系。近年来,标准化工作得到了各行业的普遍认可,都在大力开展标准体系建设。我国的国家标准体系是我国标准化工作的基础,在国民经济建设中起着至关重要的作用,它反映了我国标准化的整体化水平。

与实现某个行业的标准化目的有关的所有标准,构成该行业的标准体系。

《国民经济行业分类代码》GB/T 4754中行业的定义是:"一个行业(或产业)是指从事相同性质的经济活动的所有单位的集合"。由此定义我们可以知道,形成行业的基本单位必须具有同类的经济活动对象,或者说具有经济活动的"同一性"。

与实现某个专业的标准化目的相关的所有标准,构成这个专业的标准体系。专业是指对行业的下一层次的细分。在《标准体系表的编制原则和要求》GB/T 13016中,指的是GB/T 4754中的大类和/或中类,可以指第一层专业、第二层专业。一般来说,标准化技术委员会(TC)归口负责的是某一个专业的标准化工作,TC的标准体系是行业标准体系下的某专业标准体系。

与实现某个企业的标准化目的相关的所有标准,构成这个企业的标准体系,是企业内的标准按其内在联系形成的科学有机整体(《企业标准体系要求》GB/T15496-2003)。对一个具体的企业标准体系而言,其构成应该是受到该企业所在国家、行业及专业标准体系的制约,但它可以直接采用相关的国际标准与国外先进标准。因此,企业标准体系的水平可以也应该提倡高于国家、行业及专业标准体系的水平。

(2)标准体系的演变

标准化在保障产品质量安全、促进产业转型升级和经济提质增效、服务外交外贸等方面起着越来越重要的作用。但是,从我国经济社会发展日益增长的需求来看,现行标准体系和标准化管理体制已不能适应社会主义市场经济发展的需要,甚至在一定程度上影响了经济社会发展。主要有以下四种问题:一是标准缺失老化滞后,难以满足经济提质增效升级的需求;二是标准交叉重复矛盾,不利于统一市场体系的建立;三是标准体系不够合理,不适应社会主义市场经济发展的要求;四是标准化协调推进机制不完善,制约了标准化管理效能提升。造成这些问题的根本原因是现行标准体系和标准化管理体制是20世纪80年代确立的,政府与市场的角色错位,市场主体活力未能充分发挥,既阻碍了标准化工作的有效开展,又影响了标准化作用的发挥,必须切实转变政府标准化管理职能,深化标准化工作改革。

通过改革,把政府单一供给的现行标准体系,转变为由政府主导制定的标准和市场自主制定的标准共同构成的新型标准体系。政府主导制定的标准由6类整合精简为4类,分别是强制性国家标准和推荐性国家标准、推荐性行业标准、推荐性地方标准；市场自主制定的标准分为团体标准和企业标准。政府主导制定的标准侧重于保基本，市场自主制定的标准侧重于提高竞争力。同时建立完善与新型标准体系配套的标准化管理体制。

标准体系的演变结构图如图 2-2 所示。

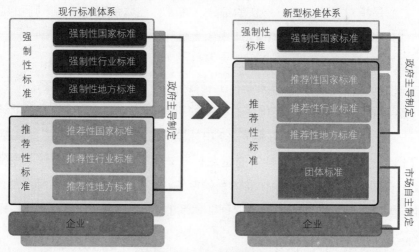

图 2-2　标准体系的演变

2. 标准体系的特征

标准体系具有六个特征，即集合性、目标性、整体性、相关性、可分解性和环境适应性。

（1）集合性

标准体系是由两个以上的可以相互区别的单元有机地结合起来完成某一功能的综合体，随着现代社会的发展，标准体系的集合性日益明显，任何一个孤立标准几乎很难独自发挥效应。

（2）目标性

标准体系实质上是标准的逻辑组合，是为使标准化对象具备一定的功能和特征而进行的组合。从这个层面上讲，体系内各个标准都是为了一个共同的功能形成的，而非各子系统功能的简单叠加。

（3）整体性

标准体系是构建标准体系的一个主要出发点。在一个标准体系中，标准的效应除了直接产生于各个标准自身之外，还需要从构成该标准体系的标准集合之间的相互作用中得到。构成标准体系的各标准，并不是独立的要素，标准之间相互联系、相互作用、相互约束、相互补充，从而构成一个完整统一体。

（4）相关性

标准体系内各单元相互联系而又相互作用，相互制约而又相互依赖，它们之间任何一个发生变化，其他有关单元都要作相应地调整和改变。

（5）可分解性

为保证标准体系的有效性，这就要求体系的可分解性。标准在大多数情况下只是某一技术水准、管理水平和经验的反映，具有一定的先进性。但随着各方面情况的发展，标准对象的变化、技术或者管理水平的提升都要求制定或修订相关标准，这就要求对标准进行分解，以对标准进行维护，包括修改、修订、废止等操作。

（6）环境适应性

标准体系存在于一定的经济体制和社会政治环境之中，它必然要受经济体制和社会政治环境的影响、制约，因此，它必须适应其周围的经济体制和社会政治环境。

(三)标准体系表

标准体系表是以图表的方式反映标准体系的构成、各组成元素(标准)之间的相互关系,以及体系的结构全貌,从而使标准体系形象化、具体化。作为一种指导性技术文件,标准体系表可以指导标准的制定、修订计划的编制,以及对现有标准体系的健全和改造。通过标准体系表可以使标准体系的组成由重复、混乱走向科学、简化,从而有利于加强对标准化工作的管理。

1. 标准体系表的结构

(1)标准体系表的结构类型

由于标准化对象的复杂性,体系内不同的标准子系统的逻辑结构可能具有不同的表现形式。主要有以下两种:

1)层次结构。这是表达标准化对象内部上级与下级、共性与个性等关系的良好表达形式。层次结构的父节点层次所在的标准相较子节点层次的标准,更能反映标准化对象的抽象性和共性;反之,子节点层次的标准更多反映事物的具体性和个性。

2)线性结构。又称为程序结构,指各标准按照过程的内在联系和顺序关系进行结合的形式。该结构主要体现了标准化对象在活动流程中的时间性。

(2)全国标准体系表

全国标准体系表包括全国通用综合性基础标准列表和各行业标准代号,见表 2-1 和表 2-2。(依据《企业标准体系表编制指南》(GB/T 13017-2008))

全国通用综合性基础标准列表见表 2-1。

全国通用综合性基础标准列表　　　　　表 2-1

标准体系表名称	ICS 代码	标准体系表名称	ICS 代码
标准化法规和通用管理标准 标准化经济效益标准、社会责任	01 01.120	术语(术语学)	01.020
量和单位	01.060	图形符号	01.080

二、标准体系

续表

标准体系表名称	ICS 代码	标准体系表名称	ICS 代码
制图	01.100	服务标准 工业服务（维护、清洗等） 公司服务（公关、广告、培训等）	03.080 03.080.10～ 03.080.99
保护消费者利益	03.080.30	公司组织和管理 采购、贸易、商业、市场、人才管理	03.100 03.100.01 03.100.10～ 03.100.30
研究与开发：价值工程、网络计划技术、运作与时间分析、判定表	03.100.40	质量管理	03.120
统计方法应用，优先数与优先数系	03.120.30	环境保护 废物、空气、水、土壤质量	13.020 13.030～13.080
职业安全、工业卫生	13.100	人类工效学	13.180
防火、防爆、防过压、防电击、防辐射	13.220～13.280	防食物中毒 防犯罪、警报系统、保护设备	13.300～13.340
计量学与测量	17	试验条件和程序、环境、机械、电子和电气、非破坏性、颗粒分析	19.020～19.120
试验	19	机械通用零部件、互换性和结构要素	21.040～21.260
能源基础和管理标准（对 ICS 27 的补充）	27	信息技术（IT） 企业信息分类编码：信息安全技术软件开发、系统文件	35 35.040 35.080
移动通信：无线通信	33.060 33.070	开放系统互连（OSI） 计算机图形技术	35.100 35.140
		IT 工业应用（工业自动化） 企业建模	35.240.10 35.240.50

各行业标准代号见表 2-2。

各行业标准代号　　　　　　　　表 2-2

序号	代号	含义	ICS 对照	序号	代号	含义	ICS 对照
1	NY	农业	65	7	YY	医药	11
2	SC	水产	65.150；67.120.30	8	MZ	民政	11.040.40
3	SL	水利	93.16	9	JY	教育	3.18
4	LY	林业	65	10	YC	烟草	65.16
5	QB	轻工	67；71；81；83；85；97	11	YB	黑色冶金	77
6	FZ	纺织	59；61	12	YS	有色冶金	77

续表

序号	代号	含义	ICS 对照	序号	代号	含义	ICS 对照
13	SY	石油天然气	75	38	SN	出入境检验检疫	13
14	HG	化工	71; 83; 87	39	WH	文化	37.06
15	SH	石油化工	71; 75; 83; 87	40	TY	体育	03.200; 97.220
16	JC	建材	91.1	41	SB	国内贸易	3
17	DZ	地质矿产	73	42	WB	物资管理	67
18	TD	土地管理	—	43	HJ	环境保护	13
19	CH	测绘	07.040; 07.060	44	XB	稀土	73.060.99; 77.120.99
20	JB	机械	21; 23; 25; 29; 53	45	CJ	城镇建设	93
21	QC	汽车	43	46	JG	建筑工业	91
22	MH	民用航空	49; 55.180.30	47	CY	新闻出版	37.1
23	WJ	兵工民品		48	MT	煤炭	73.040; 75.160
24	CB	船舶	47	49	WS	卫生	11; 13.100
25	HB	航空	49	50	GA	公共安全	13; 43.180
26	QJ	航天	49	51	BB	包装	55
27	EJ	核工业	27.12	52	DB	地震	91.120.25
28	TB	铁路运输	03.220.30; 45; 93.100	53	LB	旅游	3.2
29	JT	交通	43; 47.020	54	QX	气象	7.06
30	LD	劳动和劳动安全	03.040; 11.020; 13	55	WM	外经贸	—
31	SJ	电子	31	56	HS	海关	—
32	YD	通信	33	57	YZ	邮政	3.24
33	GY	广播电影电视	33; 37.060	58	ZY	中医药	
34	DL	电力	29	59	GH	供销	03.100.20
35	JR	金融	3.06	60	LS	粮食	65
36	HY	海洋	—	61	WW	文物保护	—
37	DA	档案	1.14	62	AQ	安全生产	13

（3）企业标准体系表

企业标准体系表是促进企业或事业单位的标准构成达到科学、完整、有序的基础，是一种包括现有和应发展的标准规划图，是推进企业产品开发、优化生产经营管理、加速技术进步、提高经济效益的标准化指导性技术文件。如图2-3和图2-4所示。

二、标准体系

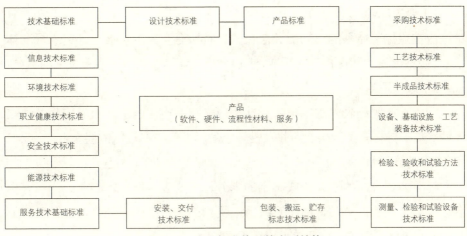

图 2-3　企业标准体系的序列结构

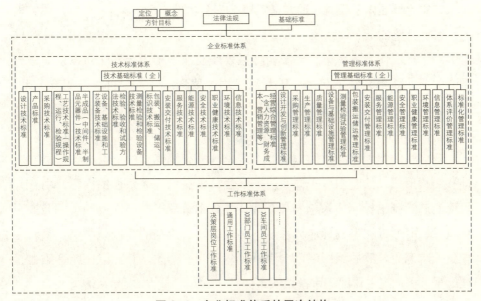

图 2-4　企业标准体系的层次结构

2. 标准体系表的编制

（1）编制原则

在编制标准体系表时应遵循以下原则：

1）目标明确

首先应明确建立标准体系的目标。不同目标可以编制出不同的标准体系表。

2）全面成套

应按照标准体系的总功能和总目的，将所有有关的标准全部列入标准体系表，包括已有的和待指定的标准，也包括从其他标准体系中借用过来的标准。

3）层次适当

列入标准明细表内的每一项标准都应安排在恰当的层次上。应将共性较大的标准安排在较高的层次，将共性较小的标准安排在较低的层次上。

4）划分清楚

标准体系表内的子体系或类别的划分，主要应按行业、专业或门类等标准化活动性质的同一性，而不宜按行政机构的管辖范围而划分，应避免将反映同一标准化对象的标准划在几个不同的门类里。

（2）编制步骤

在制定标准体系表时，通常遵循以下几个步骤：调查分析、确定总体结构图、编制完整的标准体系表、编写标准体系表编制说明书、审批实施。

制定标准体系表之前，需要对体系表所反映的相应标准化对象系统进行调查分析，了解系统的目的，熟悉系统内的要素、环节、过程及相互关系，了解体系内已有标准的情况和完善程度。在此基础上就可以确定体系表的结构形式，并绘制出总体结构图，这是体系表的框架，反映了体系内标准的分类、层次安排和门类划分。之后依据体系表总体框架图确定的标准分类、层次安排和结构形式，绘制出各分体系表。然后，根据各分体系表的内容，由专人负责汇总绘制出标准体系总表和草案，并分别编写出各层次或门类标准的明细表，从而形成完整的标准体系表。然后编写出恰当的编制说明书，最后应广泛征求意见，然后组织专门会议评论、审查、修改、补充，在此基础上整理出报批稿，报主管部门审批、发布。

（四）团体标准

1. 团体标准的概述

所谓团体标准（Association Standards），是由具有法人资格，且具备相应专业技术能力、标准化工作能力和组织管理能力的学会、协会、商会、联合会和产业技术联盟等社会团体，按照团体确立的标准制定程序自主制定发布，并由社会自愿采用的标准。

我国现行标准以政府标准为主，这种一元结构导致社会和市场的作用没有充分发挥，制约了标准的有效供给，造成了标准缺失老化滞后、标准交叉重要、标准体系不够合理等问题。与之相反，在国外，团体标准已有100余年的发展历史。美国、欧盟、日本等发达国家和地区都有体系比较健全、数量庞大的社会组织标准。

为了加强我国的技术标准体系建设和深化标准化工作改革，2015年3月，针对我国标准制定、标准供给的一些体制机制瓶颈问题，国务院印发了《深化标准化工作改革方案》，要求通过改革，把政府单一供给的现行标准体系，转变为由政府主导制定的标准和市场自主制定的标准共同构成的新型标准体系。政府主导制定的标准由6类整合精简为4类，分别是强制性国家标准和推荐性国家标准、推荐性行业标准、推荐性地方标准；市场自主制定的标准分为团体标准和企业标准。国家标准委2016年2月印发的《关于培育和发展团体标准的指导意见》指出，培育发展团体标准，是发挥市场在标准化资源配置中的决定性作用、加快构建国家新型标准体系的重要举措。

2. 团体标准政策文件解读

（1）团体标准培育发展政策文件

1）国家层面

① 2015年3月《深化标准化工作改革方案》（国发[2015]13号）；

② 2017年4月国务院办公厅关于印发贯彻实施《深化标准化工作改革方

案》重点任务分工（2017~2018年）的通知（国办发 [2017]27号）；

③ 2015年9月中办、国办《深化科技体制改革实施方案》；

④ 2015年12月《国家标准化体系建设发展规划2016—2020年》（国办发 [2015]89号）；

⑤ 2017年3月《贯彻实施〈深化标准化工作改革方案〉重点任务分工（2017—2018年）》（国办发 [2017]27号）；

⑥ 2017年11月4日　第十二届全国人民代表大会常务委员会第三十次会议修订《中华人民共和国标准化法》（2018年1月1日起施行）。

2）部委文件

① 2016年3月《关于培育和发展团体标准的指导意见》（国质检标联 [2016]109号）；

② 2016年8月《关于深化工程建设标准化工作改革的意见》（建标 [2016]166号）；

③ 2016年4月《团体标准化 第1部分：良好行为指南》（GB/T 20004.1—2016）；

④ 2016年11月《关于培育和发展工程建设团体标准的意见》（建办标 [2016]57号）；

⑤ 2017年1月《工程建设标准涉及专利管理办法》（建办标 [2017]3号）。

（2）深化标准化工作改革核心要点

1）总体目标

①强标更强　兜住底线

强制性标准具有技术法规属性，必须依法执行。强标作为底线和门槛，在经济结构调整、产业转型升级、产品质量提升等方面发挥着"方向舵"和"红绿灯"的作用。但我国强制性标准层级多、发布主体多，呈"碎片化"，还存在交叉重复矛盾等问题，影响了权威性和严肃性，并且标准不统一，就会割裂市场，形成壁垒。因此强标是政府必须管住管好的事，要按找准定位、严程序等原则，加强统一管理，提高其权威性。

②推标更优　保住基本

推荐性标准为企业提供了方向。我国每年制修订近万项国家、行业和地方推荐性标准，占到标准发布总数的85%以上，发挥了规范和引导市场的作用。

政府大包大揽，在一定程度上存在职能错位和越位。政府应当从一般性的产品标准中逐步退出来，把它交还给市场，从而集中有限资源，重点制定市场不能、不宜、不愿制定的基础通用类标准，优化标准体系结构，提高标准质量水平。

③团标更活　促进发展

从我国标准体系看，强标和推标都是政府提供的公共物品，还缺乏社会组织制定发布的具有准公共物品性质的标准，这种单一结构和供给方式难以满足社会多样化的需求。应该按照"放开、搞活"的方针，积极培育和发展社会团体标准，通过社会团体标准的增量带动政府标准的存量改革。鼓励产业联盟、社团组织、学协会等自行制定市场真正需要的标准、代表先进生产力的标准、能够参加国际竞争的标准，增加标准有效供给，促进和引领产业发展。

④企标更高　提升质量

企业标准应当交给市场，政府主要是加强监管。要加快企标备案制度改革，建立企业产品和服务标准自我声明和公开制度，将其承诺执行的标准向社会公开，作为政府和社会监督、消费者主张权益的依据，这样既减轻了企业负担，也落实了企业责任，更有利于减少市场机制失灵、劣币驱逐良币的逆向选择问题，提高交易成功率，建立起市场优胜劣汰、企业主动提高标准、标准支撑质量提升的良性发展机制。

2）《深化标准化工作改革方案》重点任务分工（2017～2018年）

①基本建立统一的强制性国家标准体系

根据强制性标准整合精简结论，对拟废止的强制性标准公告废止；对拟转化为推荐性标准的强制性标准公告转化，使其不再具有强制执行效力，尽快完成文本修改；对拟整合或修订的强制性标准，分批提出修订项目计划，推进整合修订工作；制定《强制性国家标准管理办法》，完善强制性标准管理制度。

②加快构建协调配套的推荐性标准体系

落实推荐性标准集中复审意见，做好后续废止、修订、转化等相关工作；将推荐性标准范围严格限定为政府职责范围内的公益类标准；适应需求结构的变化，着力提高推荐性标准供给质量。加强行业标准、地方标准备案协调性审查，及时做好备案标准信息维护工作。

③发展壮大团体标准

组织制定团体标准管理办法；构建团体标准自我声明和信息公开制度、团体标准化良好行为评价规范；建立第三方评估、社会公众监督和政府监管相结合的评价监督机制，推动团体标准制定主体诚信自律；扩大团体标准试点；鼓励社会团体发挥对市场需求反应快速的优势，制定一批满足市场和创新需要的团体标准；鼓励在产业政策制定以及行政管理、政府采购、认证认可、检验检测等工作中适用团体标准。

④进一步开放搞活企业标准

全面实施企业产品和服务标准自我声明公开和监督制度；鼓励标准化专业机构对企业公开的标准开展比对和评价，发布企业标准排行榜；建立实施企业标准领跑者制度；探索建立企业标准化需求直通车机制；支持标准化服务业发展，完善企业标准信息公共服务平台（质检总局、国家标准委牵头，各有关部门、各省级人民政府按职责分工负责）。

开展以随机抽查、比对评价为主的企业标准公开事中事后监管，对依据标准生产的产品或提供的服务开展监督检查，并将结果纳入全国企业质量信用档案数据库（质检总局、工商总局等有关部门、各省级人民政府按职责分工负责）。

⑤增强中国标准国际影响力

建立中外标准化专家合作交流机制；实施标准联通"一带一路"行动计划，与沿线重点国家在国际标准制定、标准化合作示范项目建设等方面开展务实合作；鼓励企业积极参与国际标准制修订、承担国际标准组织技术机构领导职务和秘书处工作；鼓励和规范外资企业参与标准化工作；探索建立中外城市间标准化合作机制；组织翻译一批国际产能和装备制造以及对外经贸合作急需标准，推进重点领域标准中外文版同步制定工作，推动中国标准海外应用；积极开展中外标准比对分析（国家标准委牵头，各有关部门、各省级人民政府按职责分工负责）。

⑥全面推进军民标准融合

大力实施军民标准通用化工程；建设军民标准化信息资源共享平台，开展军民标准化技术组织共建共享；明确军民通用标准的制修订程序，逐步形成军民标准融合发展的长效机制（中央军委装备发展部、国家标准委、工业和信息化部、国家国防科工局牵头，各有关部门按职责分工负责）。

⑦提升标准化科学管理水平

开展科技成果转化为技术标准试点,加快推进国家技术标准创新基地建设(科技部、国家标准委牵头,各有关部门、各省级人民政府按职责分工负责)。

加强标准化管理机制创新,探索建立有利于发展新产业、培育新动能的标准化工作模式和运行机制;充分运用信息化手段,提高标准制定效率,缩短标准制定周期;健全标准全生命周期管理;加强标准化技术委员会动态管理(国家标准委、各有关部门、各省级人民政府按职责分工负责)。

⑧推动公益类标准向社会公开

研究制定国家标准公开工作实施方案;推动行业标准、地方标准文本向社会免费公开;加强全国标准信息网络平台建设,提供标准信息的公益性服务(国家标准委牵头,各有关部门、各省级人民政府按职责分工负责)。

⑨加快标准化法治建设

加快推进《中华人民共和国标准化法》修订工作(国务院法制办、质检总局、国家标准委牵头负责)。

加快《中华人民共和国标准化法》配套规章立改废工作,协调推动各有关部门、各地方标准化立法工作,推进标准化法治体系建设(国家标准委、各有关部门、各省级人民政府按职责分工负责)。

⑩推动地方标准化工作改革发展

健全地方政府标准化协调推进机制,确保机制有效运行;大力推进"标准化+"行动,促进标准化与各领域融合发展;探索开展标准实施评估;深化京津冀、长三角等重点区域标准化协作;支持有条件的地方开展标准化改革试点(国家标准委、各有关部门、各省级人民政府按职责分工负责)。

⑪加强标准化人才队伍建设

推进标准化学历教育,加强标准化人才培养;建设高水平标准化智库;着力培养标准化管理人才;鼓励和支持行业协会、高等院校、科研院所设立标准化相关研究机构,大力培育标准化科研人才;将标准化知识纳入职业技术工人培训内容,加强企业标准化人才队伍建设;加快落实国际标准化人才培训规划(教育部、人力资源社会保障部、国家标准委牵头,各有关部门、各省级人民政府按职责分工负责)。

⑫强化标准化经费保障

各级财政应根据工作需要统筹安排标准化工作经费,对强制性标准整合精简、推荐性标准优化完善以及标准国际化等重点任务给予积极支持;广泛吸纳社会各方资金,形成市场化、多元化投入机制,支持标准化创新发展(财政部、质检总局、国家标准委牵头,各有关部门、各省级人民政府按职责分工负责)。

(3)《标准化法》有关团体标准内容

第二条 本法所称标准(含标准样品),是指农业、工业、服务业以及社会事业等领域需要统一的技术要求。

标准包括国家标准、行业标准、地方标准和团体标准、企业标准。国家标准分为强制性标准、推荐性标准,行业标准、地方标准是推荐性标准。

强制性标准必须执行。国家鼓励采用推荐性标准。

第十八条 国家鼓励学会、协会、商会、联合会、产业技术联盟等社会团体协调相关市场主体共同制定满足市场和创新需要的团体标准,由本团体成员约定采用或者按照本团体的规定供社会自愿采用。

制定团体标准,应当遵循开放、透明、公平的原则,保证各参与主体获取相关信息,反映各参与主体的共同需求,并应当组织对标准相关事项进行调查分析、实验、论证。

国务院标准化行政主管部门会同国务院有关行政主管部门对团体标准的制定进行规范、引导和监督。

第二十条 国家支持在重要行业、战略性新兴产业、关键共性技术等领域利用自主创新技术制定团体标准、企业标准。

第二十一条 推荐性国家标准、行业标准、地方标准、团体标准、企业标准的技术要求不得低于强制性国家标准的相关技术要求。

国家鼓励社会团体、企业制定高于推荐性标准相关技术要求的团体标准、企业标准。

第二十七条 国家实行团体标准、企业标准自我声明公开和监督制度。企业应当公开其执行的强制性标准、推荐性标准、团体标准或者企业标准的编号和名称;企业执行自行制定的企业标准的,还应当公开产品、服务的功能指标和产品的性能指标。国家鼓励团体标准、企业标准通过标准信息公共服务平台向社会公开。

企业应当按照标准组织生产经营活动,其生产的产品、提供的服务应当符合企业公开标准的技术要求。

第三十九条　国务院有关行政主管部门、设区的市级以上地方人民政府标准化行政主管部门制定的标准不符合本法第二十一条第一款、第二十二条第一款规定的，应当及时改正；拒不改正的，由国务院标准化行政主管部门公告废止相关标准；对负有责任的领导人员和直接责任人员依法给予处分。

社会团体、企业制定的标准不符合本法第二十一条第一款、第二十二条第一款规定的，由标准化行政主管部门责令限期改正；逾期不改正的，由省级以上人民政府标准化行政主管部门废止相关标准，并在标准信息公共服务平台上公示。

违反本法第二十二条第二款规定，利用标准实施排除、限制市场竞争行为的，依照《中华人民共和国反垄断法》等法律、行政法规的规定处理。

第四十二条　社会团体、企业未依照本法规定对团体标准或者企业标准进行编号的，由标准化行政主管部门责令限期改正；逾期不改正的，由省级以上人民政府标准化行政主管部门撤销相关标准编号，并在标准信息公共服务平台上公示。

（4）国标委《关于培育和发展团体标准的指导意见》

1）总体要求

①指导思想

以服务创新驱动发展和满足市场需求为出发点，以"放、管、服"为主线，激发社会团体制定标准、运用标准的活力，规范团体标准化工作，增加标准有效供给。

②基本原则

A. 市场主导。充分发挥市场竞争机制的优胜劣汰作用，团体标准由市场自主制定、自由选择、自愿采用。

B. 政府引导。加快法律法规和制度建设，营造团体标准发展的良好政策环境，引导团体标准规范有序发展。

C. 创新驱动。鼓励团体标准及时吸纳科技创新成果，促进科技成果产业化，提升产业、企业和产品核心竞争力。

D. 统筹协调。统筹各方资源，发挥社会团体协调企业等市场主体的作用，促进团体标准与相关标准体系的协调配套发展。

③主要目标

团体标准数量和竞争力稳步提升；团体标准制定机构影响力明显增强；团

体标准化工作机制基本完善，自主运行机制更加规范，第三方评估、社会公众监督和政府事中事后监督的机制更加健全。

2）释放市场活力，营造团体标准宽松发展空间

①明确制定主体。具有法人资格和相应专业技术能力的学会、协会、商会、联合会以及产业技术联盟等社会团体。

②明确制定范围。社会团体可在没有国家标准、行业标准和地方标准情况下，制定团体标准。鼓励社会团体制定严于国家标准和地方标准的团队标准。

③鼓励充分竞争。在合法、公正、公开的前提下，鼓励团队标准按照市场机制公平竞争，通过市场竞争优胜劣汰。

④促进创新技术转化应用。在不妨碍公平竞争和协调一致的前提下，支持专利和科技成果融入团体标准，促进创新技术产业化、市场化。

3）创新管理方式，促进团体标准有序规划发展

①规范团体标准化工作。国家建立团体标准信息公开和监督管理制度。

②建立基本信息公开制度。建立团体标准信息平台，加强信息公平和社会监督。

③统一编号规则。团体标准标号依次由团体标准代号（T/）、社会团体代号、团体标准顺序号和年代号组成。

④开展良好行为评价。制定团体标准化良好行为系列国家标准，明确团体标准制定程序和良好行为评价准则。

⑤加强评价监督。建立第三方评估、社会公众监督和政府事中事后相结合的评价监管机制。

4）优化标准服务，保障团体标准持续健康发展

①提供信息服务。强制性国家标准全文公开平台，国家技术标准资源服务平台和国家标准文献共享服务平台，团体标准信息平台。

②加强信息统计。社会团体每年底提交年度团体标准化工作报告。

③强化宣传和技术支持。全方位、多渠道、多维度宣传团体标准化成果，提升全社会对团体标准的认知度。

④探索转化机制。建立团体标准转化为国家标准、行业标准和地方标准的机制，明确转化的条件和程序要求。

⑤促进标准实施。各地方、各部门要营造团体标准发展的良好政策环境,鼓励使用具有自主创新技术、具备竞争优势的团体标准。

(5)住建部《工程建设团体标准培育和发展意见》

1)总体要求

①指导思想

以满足市场需求和创新发展为出发点,激发社会团体制定标准活力,解决标准缺失滞后问题,支撑保障工程建设持续健康发展。

②基本原则

A. 坚持市场主导,政府引导。发挥市场对资源配置的决定性作用,通过竞争机制促进团体标准发展。政府积极培育团体标准,引导鼓励使用团体标准,为团体标准发展营造良好环境。

B. 坚持诚信自律,公平公开。加强团体标准制定主体的诚信体系和自律机制建设,提高团体标准公信力。团体标准制定应遵循公共利益优先原则,做到行为规范、程序完备。

C. 坚持创新驱动,国际接轨。团体标准制定要积极采用创新成果,促进科技成果市场化,推动企业转型升级。鼓励团体标准制定主体积极参与国际标准化活动,提升中国标准国际化水平,促进中国标准"走出去"。

③总体目标

到 2020 年,培育一批具有影响力的团体标准制定主体,制定一批与强制性标准实施相配套的团体标准,团体标准化管理制度和工作机制进一步健全和完善。

到 2025 年,团体标准制定主体获得社会广泛认可,团体标准被市场广泛接受,力争在优势和特色领域形成一些具有国际先进水平的团体标准。

2)营造良好环境,增加团体标准有效供给

①放开团体标准制定主体

具有社团法人资格、具备相应专业技术和标准化能力的协会、学会等社会团体可制定团体标准,供社会自愿采用。

②扩大团体标准制定范围

在没有政府标准的情况下,鼓励社会团体及时制定团体标准,填补政府标准空白。

在已有政府标准的情况下，社会团体可通过细化现行国家标准、行业标准的相关要求，明确具体技术措施，制定包括各类标准、规程、导则、指南、手册等在内的团体标准；社会团体可制定严于国家标准、行业标准的团体标准。

③推进政府推荐性标准向团体标准转化

住房城乡建设主管部门原则上不再组织制定推荐性标准。

政府标准批准部门要加强标准复审，全面清理现行标准，向社会公布可转化成团体标准的项目清单，对确需政府完善的标准，应进行局部修订或整合修订。

鼓励有关社会团体主动承接可转化成团体标准的政府标准，对已根据实际情况修订为团体标准的，政府标准批准部门应及时废止相应标准，并向社会公布相关信息。

3）完善实施机制，促进团体标准推广应用

①推动使用团体标准

团体标准经建设单位、设计单位、施工单位等合同相关方协商同意并订立合同采用后，即为工程建设活动的依据，必须严格执行。政府有关部门应发挥示范作用，在行政监督管理和政府投资工程项目中，积极采用更加先进、更加细化的团体标准，推动团体标准实施。鼓励社会第三方认证、检测机构积极采用团体标准开展认证、检测工作，提高认证、检测的可靠性和水平。

②鼓励引用团体标准

政府相关部门在制定行业政策和标准规范时，可直接引用具有自主创新技术、具备竞争优势的团体标准。被强制性标准引用的团体标准应与该强制性标准同步实施。引用团体标准可全文引用或部分条文引用，同时要加强动态管理，增强责任意识，及时掌握被引用标准的时效性，做好引用与被引用规定的衔接，避免产生矛盾。

③加强团体标准宣传和信息服务

团体标准制定主体要加强团体标准的宣传和推广工作，建立或优化现有信息平台，做好对已发布标准的信息公开，以及标准解释、咨询、培训、技术指导和人才培养等服务。鼓励团体标准制定主体在其他媒体上公布其批准发布的标准目录，以及各标准的编号、适用范围、专利应用、主要技术内容等信息，供工程建设人员和社会公众查询。

4）规范编制管理，提高团体标准质量和水平

①加强团体标准制度建设

团体标准制定主体应建立健全团体标准管理制度，明确标准编制程序、经费管理、技术审查、咨询解释、培训服务、实施评估等相关要求。团体标准编号遵循全国统一规则，依次由团体标准代号（T/）、社会团体代号、团体标准顺序号和年代号组成，其中社会团体代号应合法且唯一。

②严格团体标准编制管理

团体标准制定主体应遵循开放、公平、透明和协商一致原则，吸纳利益相关方广泛参与。要切实加强标准起草、征求意见、审查、批准等过程管理，确保团体标准技术内容符合其适用地域范围内的法规规定和强制性标准要求。对标准的实施情况要跟踪评价，定期开展团体标准复审，及时开展标准的修订工作，对不符合行业发展和市场需要的团体标准应及时废止。

③提高团体标准技术水平

团体标准在内容上应体现先进性。结合国家重大政策贯彻落实和科技专项推广应用，鼓励将具有应用前景和成熟先进的新技术、新材料、新设备、新工艺制定为团体标准，支持专利融入团体标准。对技术水平高、有竞争力的企业标准，在协商一致的前提下，鼓励将其制定为团体标准。鼓励团体标准制定主体借鉴国际先进经验，制定高水平团体标准，积极开展与主要贸易国的标准互认。

5）加强监督管理，严格团体标准责任追究

①加强内部监督

团体标准制定主体要完善团体标准自主制定、自主管理、自我约束机制，落实各环节责任，强化责任追究。鼓励团体标准制定主体实施标准化良好行为规范和团体标准化良好行为指南，加强诚信自律建设，规范内部管理，及时回应和处理社会公众的意见和建议、投诉和举报，营造诚实、守信、自律的团体标准信用环境，以高标准、严要求开展标准化工作。

②强化社会监督

鼓励团体标准制定主体将团体标准有关管理制度、工作信息向社会公开，接受社会监督。要在各自网站上设置社会公众参与监督窗口，畅通社会公众

特别是团体标准使用者发表意见和建议、投诉和举报的渠道。对违反法律法规和强制性标准的团体标准，有关部门要严肃认真作出相应处理，并在政府门户网站公开处理结果。

（6）《团体标准化 第1部分：良好行为指南》

1）指南背景

近年来，我国一些学会、协会、联合会等社会团体为满足市场、科技迅速变化及多样性需求开始开展标准制定与实施活动，由此出现了学会标准、协会标准等多种形式的团体标准。这些标准的制定和实施体现了市场在标准化资源配置中的决定性作用，在支撑市场经济运行中发挥了积极的作用。

作为对社会团体标准化行为评价的主要依据，作为团体标准转化国家标准，接受国家委托制定国家标准，支持团体参与国际标准化活动，参与中国标准科技奖励评比的前提条件。其内容包括：团体标准工作的相关术语和定义、标准工作总原则、团体标准制定机构的管理和运行、组织机构要求、管理运行要求、版权和涉及专利权等知识产权政策、团体标准制定程序、团体标准编写原则以及团体要求标号要求等。

2）团体标准定义

团体标准：由团体按照自行规定的标准制定程序制定并发布，供团体成员或社会自愿采用的标准。

3）一般原则

团体开展标准化活动的一般原则：开放、透明、公平、协商一致以及促进贸易和方便贸易交流。

开放：一方面是指社会团体的成员资格应向所有方面开放，另一方面是指对于社会团体开展标准化活动，其所有成员都能参加。

透明：建立专门的机构来负责社会团体的标准化工作，且该机构的运行规则和程序等都宜通过制度文件的形式确定下来并对外公开。

公平：团体成员在其社会团体内享有对本团体事务的参与权。

协商一致：普遍同意，其特征是对于实质性问题，重要的相关利益方没有坚持反对，同时按照程序对所有相关方的观点进行了考虑并且协调了所有争议。协商一致不必意味着全体一致同意。

促进贸易和方便贸易交流：社会团体可在没有国家标准、行业标准和地方标准的情况下，制定团体标准，响应创新和市场对标准的需求。社会团体在开展标准化活动的时候不应妨碍市场竞争，通过将新技术成果融入团体标准促进技术创新产业化和市场化。

4）团体标准化的组织管理

①组织结构及功能

决策机构：标准化决策，可包含但不限于理事会、全体会员大会。

管理协调机构：标准技术工作管理协调，可包含但不限于标准管理委员会，秘书处、专家管理委员会等。

标准编制机构：标准编制组。

②工作机制

会议的组织：团体宜制定与标准化活动有关的会议组织制度，对会议的频率、方式、参加人员以及组织召开会议的要求等进行规范。

申诉：申诉权限、申诉内容，处理申诉的程序和要求。

与其他标准化机构的联络：互派观察员、彼此作为联络组织等。

5）团体标准的知识产权管理

①专利

团体宜制定团体标准涉及专利的政策，按照《标准制定的特殊程序 第1部分：涉及专利的标准》GB/T20003.1制定。团体标准涉及专利的政策主要内容为对专利权人进行专利信息披露的相关要求，对标准所涉及专利信息的公布要求，专利转让后许可承诺的存续要求等。

②版权

团体宜制定团体标准版权政策。

③商标

团体可将团体标准的标志注册为商标，用于团体标准的推广和宣传。

6）团体标准编号与文件管理

①编号

宜由团体标准代号、团体代号、团体标准顺序号和年代号组成。社会团体代号由社会团体自主拟定，可使用大写拉丁字母或大写拉丁字母与阿拉伯数字的组合，团体代号合法且唯一。

示例：T/CFA 02020802.1-2017《铸铁用稀土系蠕化剂 技术条件》。

②文件管理

制度文件、标准化文件及草案、工作文件纳入文件管理的范畴。

7)团体标准制定程序

团体标准制定程序按如下阶段顺序进行:

提案——立项——起草——征求意见和审查——通过和发布——复审。

8)团体标准的推广应用

社会团体宜利用培训、论坛、媒体等技术交流与传播途径宣传和推广团体标准。

适宜时,团体宜建立基于团体标准的合格评定制度,制定有关合格评定方案、符合性标准等合格评定制度文件以及相关技术文件,制定过程宜吸收合格评定机构的参与。

3. 国内外团体标准改革发展

(1)国外团体标准的改革发展

发达国家的团体标准发展已非常成熟,并已形成完备的团体标准管理法规与制度。英、美、德、日等国拥有大量制定标准的专业性社团组织,这些组织大多数面向包括政府、企业、研究机构、专家在内的所有利益相关方开放。例如美国材料试验协会(ASTM)、美国电气电子工程师协会(IEEE)、德国工程师协会(VDI)、日本工业标准调查会(JISC)、万维网联盟(W3C)等,这类组织制定的许多标准被上升为国家标准,有些标准被公认为国际先进标准,为许多国家和地区所采用。

(2)国内团体标准的总体情况

近年来,国内一批基础扎实、管理协调能力较强的行业协会等社团组织顺应快速变化的市场、技术发展等多样性需求,借鉴发达国家技术标准管理通行模式,组织协调本行业研发和应用单位,自主制订和发布了一批协会标准,如我国最早开展协会标准探索的中国工程建设标准化协会(CECS),自1988年起至今,已制定发布了多项设计、施工、检测等领域的工程建设标准,成为工程建设领域有较强影响力的专业团体组织。协会标准以市场需求为导向,为"三新"技术及专利技术的标准化、市场化、产业化提供桥梁和纽带;协会标准以国家产业技术政策为导向,补充细化政府标准,为相关行业或产业转型升级提供技术支撑；协会标准促进前瞻性研究成果和先导性技术推广应用，为国家标准、行业标准提供技术储备；协会标准急需问题，为相关工程项目提供技术依据。

同时，我国在产业集群发展过程中，逐渐形成了一批以龙头企业为核心的产业联盟，为了加强产业链整合、技术创新与研发成果产业化，其基于知识产权合作基础而制定的行业技术规范在联盟内共同执行，成为联盟标准，有效填补了国家、行业标准的空白。例如，由联想、TCL、海信等国内主要IT领军企业成立的信息设备资源共享协同服务IGRS——"闪联"标准组织，致力于推进信息、通信和消费电子（3C）产品协同互联和产业化，成立至今已有8项IGRS联盟标准上升为国家标准（GB/T 29265系列），8项IGRS联盟标准被国际标准化组织/国际电工委员会（ISO/IEC）采纳并发布为国际标准（ISO/ISC 14543-5系列），已立项并正在制定的闪联标准达18项。

（3）团体标准快速发展进程中面临的潜在问题

随着团体标准的逐步开放，越来越多的行业协会等社团组织将会积极参与标准的制定进程，并将团体标准的制定与实施作为本行业管理和发展的重要途径之一。由于当前的改革方案与指导意见对团体标准设置了较为宽松的鼓励与扶持环境，基本不设门槛，明确了充分发挥市场竞争机制的优胜劣汰作用，由市场自主制定、自由选择、自愿采用。团体标准的初期发展可能质量不一。中国之大，地域之广，行业之多，尽管部分行业协会已经具备了比较完善的内部治理体系和较强的技术、管理协调能力，但不可否认的是，大部分行业协会、联盟等社团组织自身还不同程度地存在着专业素质不够高、内部治理不健全、独立运作能力较弱、标准化人才和信息匮乏、行业管理领域存在不同程度的交叉现象等现实问题。这些问题均可能导致其未来潜在的标准化活动存在规则不明确、过程不规范、信息不透明的情况发生。

4. 团体标准发展几点思考

（1）团体标准运行机制

通过试点工作提出一些团体标准工作应该坚持的共性原则，即：立足市场、跟紧市场、贴近用户、适应创新。

立足市场是指发挥出行业协会在本行业的权威性和组织、人才优势；

紧跟市场是指合法规、不盲目、补缺失、解决和服务市场的需求；

贴近用户是指各相关方参与，兼顾诉求和利益平衡，实现可接受和可采用；

适应创新是指适应新技术规律，注重新技术转化，服务创新性服务需要。

（2）团体标准工作模式为：

规则公开：涉及团体标准工作的章程、政策、制度文件、工作程序等应是公开可获取的；

过程透明：工作过程对利益相关方是透明的；

均衡兼顾：技术条款应能公平、均衡的兼顾所有利益相关方的关切和利益诉求；

适度灵活：团体标准工作应有别于现在已经相对成熟固定的政府标准的机制模式，在标准形式、标准制修订模式及其他方面可以进行适度灵活的探索和调整。

（3）团体标准化能力建设

着力提高以下四个方面的能力：

1）专职化，专业化人员的培养和能力的提高；

2）吸引、服务、凝聚利益相关方的能力；

3）具有国际视野和国际标准化工作经验的人员培养和能力提高；

4）标准工作过程中的组织和控制能力。

（4）团体标准转化机制

1）探索建立团体标准转化为国家标准、行业标准和地方标准的机制，明确转化的条件和程序要求，对于通过良好行为评价，实施效果良好且符合国家标准、行业标准或地方标准制定范围的团体标准，鼓励转化为国家标准，行业标准或地方标准。

2）疏通社会团体参与国际标准化活动的渠道，鼓励社会团体基于团体标准提出国际标准提案，参与国际标准起草。

三、标准化管理体制

（一）法律法规体系

1. 标准化法律法规概述

中华人民共和国成立以来，尤其是经过三十多年的改革开放之后，党和国家非常重视标准化事业的建设和发展，因此我国的标准化法制建设随着我国经济的发展而进展迅速，已经逐步建立和完善了标准化法律法规体系，使标准化运行管理有了法律法规依据。

1949年10月我国成立中央技术管理局，设立了标准化规格处；同年还参加了国际电工委员会（IEC）；为了进一步加强标准化工作，1957年，在国家计委内成立了标准局，开始对全国的标准化工作实行统一管理，并根据我国国情组织制定了一批国家标准，从此我国标准化工作走上独立自主的发展阶段，同年还参加了国际电工委员会（IEC）。1958年国家技术委员会颁布第一号国家标准《标准幅面与格式、首页、续页与封面的要求》GB1。1962年国务院发布我国第一个标准化管理法规《工农业产品和工程建设技术标准管理办法》，标准化工作得到新的发展；1963年4月第一次全国标准化工作会议召开，编制了《1963～1972年标准化发展规划》，同年9月经国家科委批准成立国家科委标准化综合研究所，10月经文化部批准成立技术标准出版社。

1978年5月国务院成立了国家标准总局以加强标准化工作的管理；同年9月以中华人民共和国名义参加了国际标准化组织（ISO）；同年12月，党的十一届三中全会召开以来，随着经济工作的全面恢复，标准化工作得到了国家的重视，为了加强对标准化工作的管理，1979年召开了第二次全国标准化工作会议，提出了"加强管理、切实整顿、打好基础、积极发展"的方针；同年7月国务院颁发了《中华人民共和国标准化管理条例》，全国标准化工作进入一个新的发展时期，使得我国标准化管理体制运行机制逐步完善，标准体系初步形成。

为了加强政府对技术、经济监督职能，1988年7月19日国务院决定将国家标准局、国家计量局和国家经委的质量合并成立国家监督局。1998年改名为国家质量技术监督局,直属国务院领导,统一管理全国标准化、计量、质量工作。1999年省以下质量技术监督部门实行垂直管理。

随着我国法制建设的推进和标准化工作的发展,1988年12月29日第七届全国人大常委会第五次会议通过了《中华人民共和国标准化法》,简称《标准化法》,并以国家主席令的形式颁布,于1989年4月1日起施行。《标准化法》的颁布标志着我国以经济建设为中心的标准工作,进入法制管理的新阶段,进一步确定了我国的标准体系、标准化管理体制以及运行机制的框架。

1990年,国务院颁布了《中华人民共和国标准化法实施条例》,简称《实施条例》,是对《标准化法》的补充和具体化。紧接着国家技术监督局颁布了一系列有关标准化工作的规章,是根据《标准化法》以及《实施条例》等法律法规指定的有关标准化工作的办法、规定、规则等规范性文件,初步建立起了我国标准化法律法规体系。

在我国标准化事业快速发展、标准体系初步形成的形势下,现行标准化法迎来首次修订。2017年4月,标准化法修订草案提请十二届全国人大常委会第二十七次会议审议。同年8月,标准化法修订草案二审稿提请全国人大常委会会议审议。修订草案二审稿对标准的分类作了进一步明确规定:标准包括国家标准、行业标准、地方标准和团体标准、企业标准。其中国家标准分为强制性标准、推荐性标准,行业标准、地方标准是推荐性标准。2017年11月4日,第十二届全国人民代表大会常务委员会第三十次会议修订《中华人民共和国标准化法》,自2018年1月1日起施行,标准包括国家标准、行业标准、地方标准和团体标准、企业标准。国家标准分为强制性标准、推荐性标准,行业标准、地方标准是推荐性标准。

2.《标准化法》(2017年11月4日 中华人民共和国主席令第78号)

《标准化法》(2017年版)的修订实施是全面提升产品和服务质量的重要举措,对我国经济社会发展意义重大。同时,《标准化法》凝聚了以人民为中心发展思想的新成果,标志着我国标准化工作迈入了新时代。

(1)标准制定的法律规定

《标准化法》规定不同层级标准的制定主体以及各主体之间各层级标准之间的关系和有关标准制定的管理关系。国务院有关行政主管部门依据职责负责强制性国家标准的项目提出、组织起草、征求意见和技术审查。国务院标准化行政主管部门负责强制性国家标准的立项、编号和对外通报。强制性国家标准由国务院批准发布或者授权批准发布。推荐性国家标准由国务院标准化行政主管部门制定。对满足基础通用、与强制性国家标准配套、对各有关行业起引领作用等需要的技术要求，可以制定推荐性国家标准。地方标准由省、自治区、直辖市人民政府标准化行政主管部门制定；设区的市级人民政府标准化行政主管部门根据本行政区域的特殊需要，经所在地省、自治区、直辖市人民政府标准化行政主管部门批准，可以制定本行政区域的地方标准。国家鼓励学会、协会、商会、联合会、产业技术联盟等社会团体协调相关市场主体共同制定满足市场和创新需要的团体标准，由本团体成员约定采用或者按照本团体的规定供社会自愿采用。

《标准化法》提出了一些很重要的标准制定原则，主要包括：

1）对保障人身健康和生命财产安全、国家安全、生态环境安全以及满足经济社会管理基本需要的技术要求，应当制定强制性国家标准。

2）对没有推荐性国家标准、需要在全国某个行业范围内统一的技术要求，可以制定行业标准。

3）为满足地方自然条件、风俗习惯等特殊技术要求，可以制定地方标准。

4）学会、协会、商会、联合会、产业技术联盟等社会团体可以制定团体标准。

5）企业可以根据需要自行制定企业标准，或者与其他企业联合制定企业标准。

6）制定标准应当做到有关标准的协调配套。

（2）标准的实施规定及法律责任

《标准化法》对标准实施管理、监督管理和法律责任作出了规定。

《标准化法》规定：不符合强制性标准的产品、服务，不得生产、销售、进口或者提供。国家实行团体标准、企业标准自我声明公开和监督制度。企业研制新产品、改进产品，进行技术改造，应当符合本法规定的标准化要求。国家建立强制性标准实施情况统计分析报告制度。

《标准化法》规定：县级以上人民政府应当支持开展标准化试点示范和宣传工作，传播标准化理念，推广标准化经验，推动全社会运用标准化方式组织生产、经营、管理和服务，发挥标准对促进转型升级、引领创新驱动的支撑作用。县级以上人民政府标准化行政主管部门、有关行政主管部门依据法定职责，对标准的制定进行指导和监督，对标准的实施进行监督检查。

《标准化法》规定：国务院有关行政主管部门在标准制定、实施过程中出现争议的，由国务院标准化行政主管部门组织协商；协商不成的，由国务院标准化协调机制解决。国务院有关行政主管部门、设区的市级以上地方人民政府标准化行政主管部门未依照本法规定对标准进行编号、复审或者备案的，国务院标准化行政主管部门应当要求其说明情况，并限期改正。任何单位或者个人有权向标准化行政主管部门、有关行政主管部门举报、投诉违反本法规定的行为。

标准化行政主管部门、有关行政主管部门应当向社会公开受理举报、投诉的电话、信箱或者电子邮件地址，并安排人员受理举报、投诉。对实名举报人或者投诉人，受理举报、投诉的行政主管部门应当告知处理结果，为举报人保密，并按照国家有关规定对举报人给予奖励。

对于法律责任，《标准化法》规定：

1）生产、销售、进口产品或者提供服务不符合强制性标准，或者企业生产的产品、提供的服务不符合其公开标准的技术要求的，依法承担民事责任。

2）生产、销售、进口产品或者提供服务不符合强制性标准的，依照《中华人民共和国产品质量法》、《中华人民共和国进出口商品检验法》、《中华人民共和国消费者权益保护法》等法律、行政法规的规定查处，记入信用记录，并依照有关法律、行政法规的规定予以公示；构成犯罪的，依法追究刑事责任。

3）企业未依照本法规定公开其执行的标准的，由标准化行政主管部门责令限期改正；逾期不改正的，在标准信息公共服务平台上公示。

4）国务院有关行政主管部门、设区的市级以上地方人民政府标准化行政主管部门制定的标准不符合本法第二十一条第一款、第二十二条第一款规定的，应当及时改正；拒不改正的，由国务院标准化行政主管部门公告废止相关标准；对负有责任的领导人员和直接责任人员依法给予处分。

5）社会团体、企业制定的标准不符合本法第二十一条第一款、第二十二条第一款规定的，由标准化行政主管部门责令限期改正；逾期不改正的，由省级以上人民政府标准化行政主管部门废止相关标准，并在标准信息公共服务平台上公示。

违反本法第二十二条第二款规定,利用标准实施排除、限制市场竞争行为的,依照《中华人民共和国反垄断法》等法律、行政法规的规定处理。

6)国务院有关行政主管部门、设区的市级以上地方人民政府标准化行政主管部门未依照本法规定对标准进行编号或者备案,又未依照本法第三十四条的规定改正的,由国务院标准化行政主管部门撤销相关标准编号或者公告废止未备案标准;对负有责任的领导人员和直接责任人员依法给予处分。

国务院有关行政主管部门、设区的市级以上地方人民政府标准化行政主管部门未依照本法规定对其制定的标准进行复审,又未依照本法第三十四条的规定改正的,对负有责任的领导人员和直接责任人员依法给予处分。

7)国务院标准化行政主管部门未依照本法第十条第二款规定对制定强制性国家标准的项目予以立项,制定的标准不符合本法第二十一条第一款、第二十二条第一款规定,或者未依照本法规定对标准进行编号、复审或者予以备案的,应当及时改正;对负有责任的领导人员和直接责任人员可以依法给予处分。

8)社会团体、企业未依照本法规定对团体标准或者企业标准进行编号的,由标准化行政主管部门责令限期改正;逾期不改正的,由省级以上人民政府标准化行政主管部门撤销相关标准编号,并在标准信息公共服务平台上公示。

9)标准化工作的监督、管理人员滥用职权、玩忽职守、徇私舞弊的,依法给予处分;构成犯罪的,依法追究刑事责任。

(3)《标准化法》的创新及核心内容

1)建立了政府标准化工作协调机制。国务院、设区的市级以上地方人民政府建立标准化协调机制。县级以上人民政府将标准化工作纳入本级国民经济和社会发展规划。

2)标准的制定范围包括了农业、工业、服务业和社会事业等各项领域。

3)强制性标准的制定和管理得到了统一。行业标准和地方标准不再制定强制性标准,只有国家强制性标准。

4)赋予了团体标准法律地位。构建了我国政府标准与市场标准协调配套的新型标准化体系。

5)建立了企业标准自我自声明公开和监督制度。企业应当公开其执行的强制性标准、推荐性标准、团体标准或者企业标准的编号和名称;企业执行自行制定的企业标准的，还应当公开产品、服务的功能指标和产品的性能指标。

6）强化标准国际化工作。国家积极推动参与国际标准化活动，开展标准化对外合作与交流，参与制定国际标准，结合国情采用国际标准，推进中国标准与国外标准之间的转化运用。国家鼓励企业、社会团体和教育、科研机构等参与国际标准化活动。

7）规定了标准化军民融合制度。国家推进标准化军民融合和资源共享，提升军民标准通用化水平，积极推动在国防和军队建设中采用先进适用的民用标准，积极推动先进适用的军用标准转化为民用标准。

3.《标准化法》配套法规及规章文件

（1）标准化法律法规及规章文件

国家实物标准暂行管理办法（国标发 [1986]004 号）

中华人民共和国标准化法（中华人民共和国主席令第七十八号，自 2018 年 1 月 1 日起施行）

参加国际标准化组织（ISO）和国际电工委员会（IEC）国际标准化活动管理办法（技质检总局 国家标准委发 [2015]36 号）

采用国际标准产品标志管理办法（试行）（技监局标函 [1993]502 号）

标准出版管理办法（技监局政发 [1997]118 号）

采用快速程序制定国家标准的管理规定（技监局标发 [1998]03 号）

国家标准化指导性技术文件管理规定（质技监局标发 [1998]181 号）

关于强制性标准实行条文强制的若干规定（质技监局标发 [2000]36 号）

采用国际标准管理办法（国家质量监督检验检疫总局令第 10 号，自 2001 年 12 月 4 日起施行）

关于加强强制性标准管理的若干规定（国标委计划 [2002]15 号）

关于国家标准制修订计划项目管理的实施意见（国标委计划 [2004]28 号）

关于国家标准复审管理的实施意见（国标委计划 [2004]28 号）

采用快速程序制修订应急国家标准的规定（国标委计划联 [2004]35 号）

标准化良好行为企业试点确认工作细则（试行）（国标委农轻 [2004]93 号）

关于进一步加强标准版权保护 规范标准出版发行工作的意见（国质检标联 [2004]361 号）

标准网络出版发行管理规定（试行）（国标委计划[2005]66号）

关于推进服务标准化试点工作的意见（国标委农联[2007]7号）

国家标准制修订经费管理办法（财行[2007]29号）

国家农业标准化示范区管理办法（试行）（国标委农[2007]81号）

全国专业标准化技术委员会管理规定（国标委办[2009]3号）

服务业标准化试点实施细则（国标委服务联[2009]47号）

循环经济标准化试点工作指导意见（国标委工一联[2009]48号）

关于进一步加强地方标准化工作的意见（国标委服务[2009]49号）

企业产品标准管理规定（国质检标联[2009]84号）

中国标准创新贡献奖管理办法（国质检标联[2016]83号）

国家标准修改单管理规定（国标委综合[2010]39号）

关于发布《食品添加剂磷脂》（GB28401-2012）等11项食品安全国家标准的公告（卫生部公告[2012]第9号）

卫生部等8部门关于印发《食品安全国家标准"十二五"规划》的通知（卫监督发[2012]40号）

卫生部办公厅关于食品添加剂复合膨松剂执行标准有关问题的复函（卫办监督函[2012]517号）

国家发展改革委财政部关于暂停对进出口危险品、有毒有害货物加倍收取出入境检验检疫费的通知（发改价格[2012]1894号）

工程建设项目施工招标投标办法（七部委30号令，自2013年5月1日起施行）

检验检测机构资质认定管理办法（总局令第163号，自2015年8月1日起施行）

食品检验机构资质认定管理办法（总局令第165号，自2015年10月1日起施行）

煤矿重大生产安全事故隐患判定标准（总局令第85号，自2015年12月3日起施行）

医疗器械使用质量监督管理办法（国家食品药品监督管理总局令第18号，自2016年2月1日起施行）

食用农产品市场销售质量安全监督管理办法（国家食品药品监督管理总

三、标准化管理体制

局令第 20 号，自 2016 年 3 月 1 日起施行）

国务院关于整合调整餐饮服务场所的公共场所卫生许可证和食品经营许可证的决定（国发 [2016]12 号）

食品安全标准与监测评估"十三五"规划（2016～2020 年）（国卫食品发 [2016]60 号）

工业和信息化部办公厅关于开展国家重大工业节能专项监察的通知（工信厅节函 [2016]350 号）

（2）《标准化法》配套法规和规章

《标准化法》配套法规除国务院颁布的《标准化法实施条例》这项国务院行政法规以外，按立法体系还有两个层次的标准化法规和规章，即中央各部委规章、地方政府规章。中央政府和地方性法则各部委规章又可分为国务院标准化行政主管部门规章和国务院其他行政主管部门规章。国务院标准化行政主管部门规章指原国家技术监督局和国家质量监督检验检疫总局颁布的一系列有关标准化管理工作的规章；国务院各部门、地方人大和地方政府根据自身标准化工作的需要也分别制定了一批部门标准化规章、地方标准化法规和规章，主要是规范本行业或本行政区域标准的制定和实施，也有一些是规范特殊方面的标准化工作，使标准化工作更加规范，形成了比较完善的标准化法律法规的立法体系结构（如图 3-1 所示）。

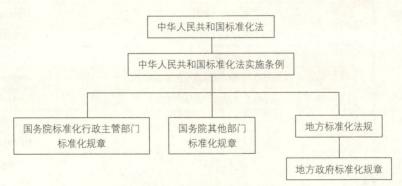

图 3-1　标准化法律法规体系结构

1）国务院标准化行政主管部门规章

国务院标准化行政主管部门规章指原国家技术监督局和国家质量监督检

验检疫总局颁布的一系列有关标准化工作的规章，其内容涵盖了国家标准、行业标准和地方标准的制定、标准出版、标准档案管理以及能源、农业和企业标准化管理等。

国务院标准化行政主管部门主要规章见表3-1。

表 3-1 国务院标准化行政主管部门规章

序号	国务院标准化行政主管部门规章	颁布日期
1	食品检验机构资质认定管理办法	20150619
2	检验检测机构资质认定管理办法	20150409
3	实施工程建设强制性标准监督规定	20150122
4	中华人民共和国工程建设标准强制性条文（房屋建筑部分）	20130801
5	计量标准考核办法	20050114
6	工程质量监督工作导则	20030805
7	工程建设项目招标范围和规模标准规定	20000501
8	采用国际标准管理办法	20011121
9	原产地域产品保护规定	19990730
10	国家指导性技术文件管理规定	19981224
11	国家标准英文版翻译出版工作管理暂行办法	19980422
12	进口机电产品标准化管理办法	19980310
13	采用快速程序制定国家标准的管理规定	19980108
14	标准出版管理办法	19970808
15	农业标准化示范区管理办法（试行）	19950919
16	采用国际标准产品标志管理办法（试行）	19931203
17	采用国际标准产品标志管理办法（试行）实施细则	19940510
18	参加 ISO 和 IEC 技术活动的管理办法	19921020
19	标准出版发行管理办法	19911107
20	标准档案管理办法	19911028
21	农业标准化管理办法	19910226
22	能源标准化管理办法	19900906
23	地方标准管理办法	19900906
24	全国专业标准化技术委员会章程	19900824
25	企业标准化管理办法	19900824
26	国家标准管理办法	19900814
27	行业标准管理办法	19900814

三、标准化管理体制

续表

序号	国务院标准化行政主管部门规章	颁布日期
28	中华人民共和国标准化法条文解释	19900723
29	标准化科学技术进步奖励办法	19900509
30	信息分类编码标准化管理办法	19880507
31	国家实物标准暂行管理办法	19860102
32	技术引进和设备进口标准化审查管理办法（试行）	19841215
33	机电新产品标准化审查管理办法	19810314
34	商品条码管理办法	20050516

2）国务院其他行政主管部门标准化规章

国务院其他行政主管部门标准化规章主要涉及其行业标准的管理。

国务院其他行政主管部门的主要标准化规章见表3-2。

国务院其他部门标准化规章　　　　表3-2

序号	国务院其他部门标准化规章	颁布日期
1	新闻出版行业标准化管理办法	20131227
2	商务领域标准化管理办法（试行）	20120508
3	长江干线船型标准化补贴资金管理办法	20100310
4	地方环境质量标准和污染物排放标准备案管理办法	20100128
5	国土资源标准化管理办法	20091012
6	测绘标准化工作管理办法	20080310
7	国家中医药管理局中医药标准化项目管理暂行办法	20060210
8	农业标准化实施示范项目资金管理暂行办法	20060127
9	国家发改委行业标准化技术委员会管理办法	20050725
10	认证认可科技与标准化工作管理规定	20050519
11	商务部国内贸易标准化体系建设专项资金管理暂行办法	20040809
12	国防科技工业标准化科研管理实施细则	20040220
13	武器装备研制生产标准化工作规定	20040219
14	工程建设地方标准化工作管理规定	20040204
15	林业标准化管理办法	20030721
16	国家邮政局标准化工作管理办法（试行）	20030428
17	内河运输船舶标准化管理规定	20011011

续表

序号	国务院其他部门标准化规章	颁布日期
18	旅游标准化工作管理暂行办法	20000303
19	中国民用航空标准化管理规定（CCAR-375SE）	19980720
20	海洋标准化管理规定	19970130
21	医疗器械企业产品标准化工作规定	19960311
22	农业部标准化管理办法	19930322

3）地方标准化法规和地方政府标准化规章

地方标准化法规和地方政府标准化规章主要规定本行政区域地方标准的管理工作和国家标准、行业标准的实施细则。以《海南省地方标准制定程序》为例，其规定了海南省地方标准的立项、起草、征求意见、审查、批准发布、备案、出版、复审的全过程及要求。

全国主要地方标准化法规和地方政府规章分别见表3-3和表3-4。

地方标准化法规　　表3-3

序号	地方标准化法规	颁布日期
1	浙江省标准化管理办法	20151218
2	呼和浩特市社会单位消防安全标准化管理规定	20081118
3	浙江省工程建设标准化工作管理暂行办法	20060512
4	山西省工程建设地方标准化工作管理规定	20060217
5	四川省标准化监督管理条例	20051125
6	辽宁省信息技术标准化监督管理条例	20140109
7	安徽省实施《中华人民共和国标准化法》办法	20040626
8	山东省实施《中华人民共和国标准化法》办法	20150724
9	长沙市标准化管理条例	20031014
10	江西省标准化管理条例	20100917
11	辽宁省农业标准化管理条例	20020530
12	上海市标准化条例	20011228
13	辽宁省标准化监督管理条例	20150925
14	内蒙古自治区实施《中华人民共和国标准化法》办法	20100921
15	甘肃省标准化条例	20100929
16	河北省标准化监督管理条例	20100730

三、标准化管理体制

续表

序号	地方标准化法规	颁布日期
17	黑龙江省标准化条例	20050624
18	四川省标准化监督管理条例	20051125
19	宁夏回族自治区实施《中华人民共和国标准化法》办法	19970220
20	天津市实施《中华人民共和国标准化法》办法	20100925
21	浙江省专业标准化技术委员会管理办法	20121102
22	陕西省标准化条例	20140529
23	海南经济特区公共信息标志标准化管理规定	20161130

地方政府标准化规章 表3-4

序号	地方政府标准化规章	颁布日期
1	南京市公共信息标志标准化管理办法	20081114
2	北京市专业标准化技术委员会管理办法（试行）	20140703
3	深圳市电子政务标准化管理暂行办法	20060804
4	成都市公共信息标志标准化管理办法	20060617
5	浙江省工程建设标准化工作管理暂行办法	20060512
6	山西省工程建设地方标准化工作管理规定	20060217
7	北京市标准化指导性技术文件管理办法	20050819
8	陕西省工程建设地方标准化工作暂行管理办法	20050430
9	南京市农业标准化管理办法	20071122
10	上海市公共信息图形标志标准化管理办法	20021227
11	福建省标准化管理办法	20001219
13	杭州市公共信息标志标准化管理办法	20110201
14	海南经济特区标准化管理办法	20121126
15	湖北省标准化管理办法	19980209
16	辽宁省农业标准化管理条例	20020530
17	广东省标准化监督管理办法	19971107
18	新疆维吾尔自治区标准化管理办法	20101213
19	河南省标准化管理办法	20110105
20	浙江省标准化管理实施办法	19941219
21	沈阳市技术引进和设备进口标准化审查管理办法	19900427
22	山东省工程建设标准化管理办法	20170521
23	宁夏回族自治区工程建设标准化管理办法	20151208

续表

序号	地方政府标准化规章	颁布日期
24	四川省标准化管理实施办法	19811015
25	银川市公共信息标志标准化管理办法	20121122
26	包头市新产品、技术引进标准化审查管理办法	19960302
27	沈阳市公共信息标志标准化管理办法	20110621
28	江西省标准化管理条例	19971023
29	南昌市公共信息标志标准化管理办法	20101227
30	呼和浩特市社会单位消防安全标准化管理规定	20081118
31	河北省技术引进和设备进口标准化审查管理暂行规定	19860327
32	黑龙江省信息技术标准化监督管理办法	20061020
33	洛阳市旅游标准化管理办法	20131206
34	广州市公共信息标志标准化管理办法	20120307

4. 其他相关法律法规及规章文件

由于标准化所涉及的国民经济和社会发展的领域较广，涉及公共领域和安全健康、环境保护事项较多，因此，除了标准化法及其配套法规以外，其他一些专门法律也涉及其专项标准化的相关规定。

目前，国家法律中有20多部法律涉及标准化或专业标准的规定。这些法律主要包括：

《中华人民共和国产品质量法》（中华人民共和国主席令第三十三号，自2000年9月1日起施行，2009年8月27日予以修正）

《中华人民共和国计量法》（中华人民共和国主席令第二十八号，自1986年7月1日起施行，2015年4月24日予以修正）

《中华人民共和国进出口商品检验法》（中华人民共和国主席令第六十七号，自2002年10月1日起施行，2013年6月29日予以修正）

《中华人民共和国食品安全法》（中华人民共和国主席令第九号，自2009年6月1日起施行，2015年4月24日予以修正）

《中华人民共和国环境保护法》（中华人民共和国主席令第二十二号，自1989年12月26日起施行，2014年4月24日予以修正）

《中华人民共和国节约能源法》（中华人民共和国主席令第七十七号，自2008年4月1日起施行，2016年7月2日予以修正）

《中华人民共和国认证认可条例》(中华人民共和国国务院令第三百九十号,自 2003 年 11 月 1 日起施行,2016 年 2 月 6 日予以修正)

《食品标识管理规定》(国家质量监督检、验检疫总局令第一百零二号,自 2008 年 9 月 1 日起施行,2009 年 10 月 22 日予以修正)

《化妆品标识管理规定》(国家质量监督检验检疫总局令第一百号,自 2008 年 9 月 1 日起施行)

《商品条码管理办法》(国家质量监督检验检疫总局令第七十六号,自 2005 年 10 月 1 日起施行)

《中华人民共和国建筑法》(中华人民共和国主席令第十一号,自 1998 年 3 月 1 日起施行,2011 年 4 月 22 日予以修正)

《中华人民共和国安全生产法》(中华人民共和国主席令第七十号,自 2002 年 11 月 1 日起施行,2014 年 8 月 31 日予以修正)

《全国专业标准化技术委员会管理办法》(国家质量监督检验检疫总局令第一百九十一号,自 2018 年 1 月 1 日起施行。)

以上这些专门法中的一部分内容规定了制定专门国家标准的制定主体及其职能。例如:

《中华人民共和国环境保护法》规定:"国务院环境保护行政主管部门制定国家环境质量标准。""国务院环境保护行政主管部门根据国家环境质量标准和国家经济、技术条件,制定国家污染物排放标准。"

《中华人民共和国食品安全法》规定:"食品安全国家标准由国务院卫生行政部门负责制定、公布,国务院标准化行政部门提供国家标准编号。食品中农药兽药残留的限量规定及其检验方法与规程由国务院卫生行政部门、国务院农业行政部门制定。屠宰畜、禽的检验规程由国务院有关主管部门会同国务院卫生行政部门制定。"

专门法的另一部分主要内容规定了标准的实施措施。例如:

《中华人民共和国建筑法》规定:"建筑工程监理应当依照法律、行政法规及有关的技术标准、设计文件和建筑工程承包合同,对承包单位在施工质量、建设工期和建设资金使用等方面,代表建设单位实施监督。工程监理人员认为工程施工不符合工程设计要求、施工技术标准和合同约定的,有权要求建筑施工企业改正。工程监理人员发现工程设计不符合建筑工程质量标准或者合同约定的质量要求的，应当报告建设单位要求设计单位改正。"

《中华人民共和国食品安全法》规定："县级以上质量监督、工商行政管理、食品药品监督管理部门履行各自食品安全监督管理职责，有权采取下列措施：……（四）查封、扣押有证据证明不符合食品安全标准的食品，违法使用的食品原料、食品添加剂、食品相关产品，以及用于违法生产经营或者被污染的工具、设备。"

另外，专门法规定了有关各方违反相关标准应承担的法律责任，例如：

《中华人民共和国职业病防治法》规定："用人单位违反本法规定，有下列行为之一的，由卫生行政部门给予警告，责令限期改正，逾期不改正的，处五万元以上二十万元以下的罚款；情节严重的，责令停止产生职业病危害的作业，或者提请有关人民政府按照国务院规定的权限责令关闭：（一）工作场所职业病危害因素的强度或者浓度超过国家职业卫生标准的；（二）未提供职业病防护设施和个人使用的职业病防护用品，或者提供的职业病防护设施和个人使用的职业病防护用品不符合国家职业卫生标准和卫生要求的；……（五）工作场所职业病危害因素经治理仍然达不到国家职业卫生标准和卫生要求时，未停止存在职业病危害因素的作业的。"

《中华人民共和国食品安全法》规定："有下列情形之一的由有关主管部门按照各自职责分工，没收违法所得、违法生产经营的食品和用于违法生产经营的工具、设备、原料等物品；违法生产经营的食品货值金额不足一万元的，并处二千元以上五万元以下罚款；货值金额一万元以上的，并处货值金额五倍以上十倍以下罚款；情节严重的，吊销许可证：……（二）生产经营致病性微生物、农药残留、兽药残留、重金属、污染物质以及其他危害人体健康的物质含量超过食品安全标准限量的食品；（三）生产经营营养成分不符合食品安全标准的专供婴幼儿和其他特定人群的主辅食品；……（十）食品生产经营者在有关主管部门责令其召回或者停止经营不符合食品安全标准的食品后，仍拒不召回或者停止经营的。"

（二）标准的管理

标准的管理体制是规定中央、地方、社会团体、企业在各自方面的管理范围、利益、权限职责及其相互关系的准则。中国标准化工作实行统一管理与分工负责相结合的管理体制，由国务院标准化行政主管部门统一管理。

国务院标准化行政主管部门是国家标准委，按照国务院授权，在国家质量监督检验检疫总局管理下，国家标准委统一管理全国标准化工作，对国家标准实行统一计划、编号、审查、批准发布等四个管理职能。

国务院有关行政主管部门和国务院授权的有关行业协会分工管理本部门、行业的标准化工作；

省、自治区、直辖市标准化行政主管部门统一管理本行政区域的标准化工作；

省、自治区、直辖市政府有关行政主管部门分工管理本行政区域内本部门、行业的标准化工作；

市、县标准化行政主管部门和有关行政部门主管，按照省、自治区、直辖市政府规定的职责，管理本行政区域内的标准化工作。

国家标准委主要职责如下：

负责拟定并执行国家标准化工作的政策和方针；负责拟定全国标准化管理规章；负责起草、制定、组织和实施标准化法律法规和规章制度；负责组织制定国家标准化事业发展规划；负责组织、协调和编制国家标准的制定、修订计划。

负责组织国家标准的制定、修订工作，负责国家标准的统一审查、批准、编号和发布。

负责协调、管理全国标准化技术委员会的有关工作。

管理和指导标准化科技工作及有关的宣传、教育、培训工作。

协调和指导行业、地方标准化工作；负责行业标准和地方标准的备案工作。

统一管理制定、修订国家标准的经费和标准研究、标准化专项经费。

管理全国组织机构代码和商品条码工作以及全国标准化信息工作。

负责国家标准的宣传、贯彻和推广工作；监督国家标准的贯彻执行情况。

承担质检总局交办的其他工作。

目前国家标准委内设七个职能部门：办公室、综合业务管理部、国际合作部、服务业标准部、农业和食品标准部、工业标准一部、工业标准二部。

（三）标准化技术委员会

1. 主要任务

《标准化法》中规定："制定推荐性标准，应当组织由相关方组成的标准化技术委员会，承担标准的起草、技术审查工作。制定强制性标准，可以委托相关标准化技术委员会承担标准的起草、技术审查工作。未组成标准化技术委员会的，应当成立专家组承担相关标准的起草、技术审查工作。标准化技术委员会和专家组的组成应当具有广泛代表性。"

技术委员会是在一定专业领域内，由国务院标准主管部门根据工作需要依法成立的从事国家标准的起草和技术审查等标准化工作的非法人技术组织，负责本专业技术领域的标准化技术工作。

标准化技术委员会的主要任务是起草标准、审查标准，其工作方式是开放、透明、社会化和协商一致。技术委员会的任务包括以下9个方面：

（1）根据国家制定及修订标准的原则，以及采用国际标准和国外先进标准的方针，负责组织制订本专业标准体系表，提出本专业制定及修订国家标准和行业标准的规划和年度计划的建议。

（2）根据国务院标准化行政主管部门和有关行政主管部门批准的计划，协助组织本专业国家标准和行业标准的制定、修订和复审工作。

（3）认真贯彻国家有关方针政策，向国务院标准化行政主管部门和有关行政主管部门提出本专业标准化工作的政策、方针和技术措施的建议。

（4）负责组织国际标准化组织和国际电工委员会等相应技术委员会对口的标准化技术业务工作，包括对国际标准文件的表态，审查我国提案和国际标准的中文译稿，以及提出对外开展标准化技术交流活动的建议等。

（5）在完成上述任务前提下，技术委员会可面向社会开展本专业标准化工作，接受有关省、市和企业的委托，承担本专业地方标准、企业标准制定、审查、咨询、宣讲等技术服务工作。

（6）负责组织本专业的国家标准和行业标准的宣讲工作；对本专业已颁布

标准的实施情况进行调查和分析，作出书面报告；向国务院标准化行政主管部门和有关行政主管部门提出本专业标准化成果奖励项目的建议。

（7）组织本专业国家标准和行业标准送审稿的审查工作，对标准中的技术内容负责，提出审查结论意见，提出强制性标准或推荐性标准的建议。

（8）在产品质量监督检验、认证和评优等工作中，负责本专业标准化范围内产品质量标准水平评价工作。受国务院有关行政主管部门委托，可承担本专业引进项目的标准化审查工作，并向项目主管部门提出标准化水平分析报告。

（9）受国务院标准化行政主管部门及有关行政主管部门委托，办理与本专业标准化工作有关的其他事宜。

2. 组织结构

技术委员会由本专业各利益相关方的代表组成。专业领域较宽的技术委员会可以组建分技术委员会。分技术委员会的组建参照技术委员会的组建执行。由国家标准委直接管理的技术委员会可直接提出分技术委员会的筹建申请。根据工作需要，技术委员会、分技术委员会可以组建承担某项具体国家标准起草任务的标准制定工作组，工作完成后工作组自动撤销。

技术委员会应以生产、使用、科研等方面的科技人员为主体来组成，其中，各级行政管理机构的科技管理人员一般不得超过八分之一，使用方面的科技人员不得少于四分之一。每届技术委员会委员任期为五年。技术委员会的组成方案，由国务院标准化行政主管部门审查批准。

技术委员会由委员组成，设立主、副主任委员。其委员应具有广泛的代表性，选自于企业、科研机构、检测机构、高等院校、政府部门、消费者等。技术委员会的委员人选应当公开征集并由国家标准委对外公示。对无异议的委员人选，由国家标准委审核批准，技术委员会聘任。委员聘书由国家标准委统一规定。委员在本技术委员会内有表决权，并有权获得所在技术委员会的资料和文件；技术委员会的常设工作机构是秘书处，秘书处设秘书长，必要时可以设副秘书长。正副主任委员和正副秘书长以及委员应由在职工作人员担任，分技术委员会的主任委员一般应由技术委员会委员担任。必要时可聘请在本专业的专家、学者1~3人担任技术委员会的顾问。

三、标准化管理体制

一般来说，设主任委员 1 人，副主任委员 1~3 人，秘书长 1 人，必要时可设副秘书长 1 人。技术委员会每届任期不得超过 5 年。

委员应具备的条件如下：

（1）应具有中级以上（含中级）专业技术职称，或者具有与中级以上专业技术职称相对应的职务。

（2）在我国境内依法设立的法人组织任职的人员。

（3）熟悉且热心于从事标准化工作，能积极参加标准化活动，具有相关领域的专业知识。

（4）技术委员会章程规定的其他条件。

正副主任委员、正副秘书长、委员和顾问，由国务院有关行政主管部门推荐产生，其中正副主任委员和正副秘书长应各有一名从秘书处所在单位推荐，国务院标准化行政主管部门审核后聘任，颁发聘书。主任委员、副主任委员应当具有高级工程师以上专业技术职称，或者具有与高级工程师以上专业技术职称相对应的职务。

委员应履行的职责如下：

（1）参加标准制修订工作，提出国家标准立项、起草、技术审查等方面的意见和建议。

（2）参加国家标准委及技术委员会组织的培训。

（3）监督主任委员、副主任委员、秘书长、副秘书长及秘书处的工作。

（4）监督技术委员会秘书处经费的使用。

（5）技术委员会章程规定的其他职责。

技术委员会下设秘书处。秘书处应设在本专业标准化技术归口单位或有能力承担秘书处工作的单位。秘书处设秘书长、专职秘书，可以设副秘书长。秘书长、副秘书长由委员兼任。秘书长原则上应当是秘书处承担单位技术专家。副秘书长可以由相关单位技术专家担任。

分技术委员会委员聘书由国务院标准化行政主管部门颁发。分技术委员会和秘书处印章由技术委员会的主管部门颁发。各分技术委员会工作由技术委员会进行协调领导，并应定期向技术委员会和主管部门报告工作。

国务院标准化行政主管部门和技术委员会的主管部门，派联络员负责和技术委员会保持联系。专业范围有交叉或专业范围联系较密切的技术委员会，可互派联络员参加技术委员会的活动,以加强工作的协调。

3. 工作职责

标准化技术委员会的工作职责如下:

(1)研究提出本专业领域的国家标准发展规划、标准体系、国家标准制修订计划项目和组建分技术委员会的建议。

(2)对所组织起草和审查的国家标准的技术内容和质量负责。

(3)按国家标准制修订计划组织并负责本专业领域国家标准的起草和技术审查工作。

(4)参与强制性国家标准的对外通报、咨询和国外技术法规的跟踪及评议工作。

(5)负责国家标准起草人员的培训,开展本专业领域内国家标准的宣讲及解释工作。

(6)每年至少召开一次全体委员会工作会议。及时向国家标准委、国务院有关行政主管部门、具有行业管理职能的行业协会、集团公司报告工作。

(7)根据国家标准委的有关规定,承担本专业领域的国际标准化工作。

(8)建立和管理国家标准立项、起草、征求意见、技术审查、报批等相关工作档案。

(9)负责本专业领域国家标准的复审工作,提出国家标准继续有效、修订或者废止的建议。

(10)负责管理分技术委员会,国家标准委另有规定的,按国家标准委有关规定执行。分技术委员会工作职责参照技术委员会工作职责执行。对本专业领域国家标准的实施情况进行调查研究,对存在的问题及时向国家标准委提出处理意见,并及时向有关部门通报情况。

4. 工作程序

(1)表决制度

技术委员会应在全体委员协商得足够充分的基础上,实行主任委员领导下的集体表决制度。下列事项应由秘书处负责形成提案,提交全体委员表决:

工作计划;

技术委员会章程和秘书处工作细则;

本专业领域标准体系表;

委员和机构的调整建议;

国家标准草案技术审查;

国家标准制修订立项建议;

工作经费的预、决算及执行情况;

技术委员会章程规定应当表决的其他事项。

提案应当获得全体委员四分之三以上同意,方为通过。

委员会审查通过的标准报批稿,有权修改意见或提出复议。

(2) 换届

技术委员会每届任期不得超过5年。届满前6个月,由国家标准委公布即将换届的技术委员会名单。技术委员会应当在任期届满前3个月,按照职责分工,由有关单位提出并报送换届申请书、技术委员会委员登记表、技术委员会登记表以及新一届技术委员会章程、秘书处工作细则、计划等换届材料。

国家标准委按照技术委员会应履行的职责对换届申请进行审核,对符合要求的批复准予换届;对不符合要求的根据情况可以作出限期调整换届方案或者对技术委员会限期整改、重新组建、撤销等处理,视情况轻重而定。

根据工作需要,经全体委员表决,技术委员会可以提出增补或解聘委员、调整委员职责等建议,并报国家标准委批准,原则上每年不得超过一次。

(3) 标准制修订工作程序

技术委员会提出的国家标准制修订立项建议经国务院有关行政主管部门、具有行业管理职能的集团公司和行业协会审核同意后,由国务院有关行政主管部门、具有行业管理职能的集团公司和行业协会报国家标准委。国家标准委直接管理的技术委员会,直接向国家标准委报送国家标准制修订立项建议。

分技术委员会和标准制定工作组向技术委员会提出国家标准制修订立项建议,技术委员会按规定程序上报国家标准委。分技术委员会和技术委员会的主管部门不一致的,由技术委员会将国家标准制修订立项建议报送分技术委员会的主管部门,并抄送技术委员会的主管部门。由分技术委员会的主管部门将立项建议报送国家标准委。

标准主要起草单位或者标准制定工作组根据征求意见情况，修改国家标准征求意见稿并形成标准送审稿，经主任委员同意后，采取会议或者函审方式，由秘书处组织提交全体委员审查，有全体委员的四分之三以上同意，方为通过。对强制性国家标准以及经济、技术和社会意义重大，涉及面广，分歧意见较多的国家标准送审稿应当进行会议审查。秘书处应当至少在审查前半个月，将标准送审稿送达全体委员。会议审查时未出席会议，也未说明意见者，以及函审时未按规定时间投票者，按弃权计票。标准主要起草单位或者标准制定工作组承担标准起草工作，在调查研究、试验验证的基础上，提出标准征求意见稿，经技术委员会主任委员同意，由起草单位向有关协会、行业部门以及相关生产、科研、检测和销售等单位广泛征求意见。征求意见时间一般为一个月。

对有分歧意见的标准或者条款，秘书处应当完整保存不同意见的材料，并且应当将审查标准的投票情况以及不同意见的材料用书面形式记录在案，作为标准审查意见说明的附件。

标准主要起草单位或者标准制定工作组根据审查意见对标准草案进行修改，按要求提出标准草案报批稿和附件，经秘书处复核，主任委员或者其委托的副主任委员审核后按《国家标准管理办法》规定的报批程序办理。

5. 组建与管理

技术委员会由国家标准化管理委员会组建和管理。技术委员会对自身内部事务拥有一定的管理权，同时接受国家标准化管理委员会的管理。

（1）技术委员会的组建

1）组建原则及条件

技术委员会的组建原则是"市场需要、科学合理、公开公正、国际接轨"。技术委员会的组建应符合的条件如下：

①涉及的专业领域为国民经济和社会发展的重要领域；

②专业领域和标准体系框架明确，有较多的国家标准制修订任务；

③业务范围清晰，与其他技术委员会原则上无业务交叉；

④专业领域原则上应当与国际标准化组织/国际电工委员会（ISO/IEC）及其认可的其他国际组织已设立的技术领域相对应。

技术委员会设秘书处,负责日常工作。秘书处承担单位应当符合下列条件:

①在我国境内依法设立的法人组织;

②有较强的技术实力和影响力;

③有标准化专业技术人员和专职工作人员;

④有开展工作所需的资金和办公条件,有依照有关法律法规设置的会计机构及具有会计从业资格的财会人员;

⑤能够将秘书处工作纳入本单位工作规划和日常工作;

⑥国家标准委规定的其他条件。

2)组建程序

技术委员会的组建程序应包括筹建申请、批复筹建、筹建、公示和批复成立。

①筹建申请。国务院有关行政主管部门、具有行业管理职能的行业协会、中央企业以及省、自治区、直辖市人民政府标准化行政主管部门可以单独或者联合向国家标准委提出技术委员会的筹建申请,并报送筹建申请书等有关材料。

②批复筹建。对符合要求并协调一致的筹建申请,国家标准委予以批复,明确技术委员会的名称、专业领域、对口的国际组织、筹建单位、秘书处承担单位。对无法协调一致,但经济社会发展确需组建的,由国家标准委组织有关专家进行论证,根据论证结果决定并予以批复。

③筹建。筹建单位应当在6个月内完成技术委员会的委员征集、组成方案拟定、标准体系表建议等工作,并报送组建方案。

④公示。拟筹建的技术委员会由国家标准委对外公示,公示期为1个月。

⑤国家标准委对组建方案进行审查,符合要求的予以批复;不符合要求的,责成筹建单位在规定期限内调整;调整仍不符合要求的,国家标准委可以更换筹建单位、秘书处承担单位,也可撤销该技术委员会的筹建。

⑥批复成立。国家标准委审查组建方案后,对符合要求的予以批复正式成立。筹建单位应当在国家标准委批复成立后一个月内启动技术委员会的工作。

(2)技术委员会的管理

1)各级管理部门的职责

①国家标准化管理委员会

国家标准化管理委员会统一规划、协调、组建和管理技术委员会，履行的职责如下：

统一规划技术委员会；

监督检查技术委员会的工作；

直接管理综合性、基础性和涉及部门较多的技术委员会；

协调和决定技术委员会的组建、换届、撤销等管理事项；

组织技术委员会相关人员的培训；

其他与技术委员会管理有关的职责。

②国务院有关行政主管部门受国家标准委委托，分工管理本部门、本行业的标准化技术委员会，履行的职责如下：

组织或者参与本部门、本行业标准化技术委员会的组建、换届和监督检查等工作；

提出本部门、本行业标准化技术委员会规划、组建和管理建议；

指导本部门、本行业标准化技术委员会的国家标准立项、报批以及国际标准化等业务工作；

协调本部门、本行业标准化技术委员会的工作；

推荐本部门、本行业专家参加技术委员会；

定期向国家标准委报告本部门、本行业标准化技术委员会的工作情况；

其他与标准化技术委员会管理有关的职责。

③省、自治区、直辖市人民政府标准化行政主管部门受国家标准委委托，协助国家标准委管理本行政区域内的标准化技术委员会，履行的职责如下：

为本行政区域内标准化技术委员会开展工作创造条件；

组织或者参与国家标准委委托的标准化技术委员会的组建、换届和监督检查等工作；

推荐本行政区域内专家参加技术委员会；

定期向国家标准委报告协助管理的标准化技术委员会的工作情况；

其他与标准化技术委员会管理有关的职责。

2）对技术委员会的监督管理

①社会监督

任何单位和个人对技术委员会、委员和秘书处违反本规定的行为，可以向国家标准委、国务院有关行政主管部门、具有行业管理职能的集团公司、行业协会及省、自治区、直辖市人民政府标准化行政主管部门举报，国家标准委、国务院有关行政主管部门、具有行业管理职能的集团公司、行业协会及省、自治区、直辖市人民政府标准化行政主管部门应当及时调查。国务院有关行政主管部门、具有行业管理职能的行业协会、集团公司和省、自治区、直辖市人民政府标准化行政主管部门应当将调查处理建议报国家标准委，由国家标准委作出处理决定。

②表彰和奖励

国家标准委对做出突出成绩的技术委员会及承担单位和个人予以表彰和奖励。

③监督职责

国家标准委、国务院有关行政主管部门、具有行业管理职能的行业协会、集团公司和省、自治区、直辖市人民政府标准化行政主管部门对技术委员会负有监督职责，对其进行定期、不定期的检查。

国务院有关行政主管部门、具有行业管理职能的行业协会、集团公司以及省、自治区、直辖市人民政府标准化行政主管部门应当将其受托管理的技术委员会的监督检查情况及处理建议报国家标准委。

技术委员会应当建立内部监督检查制度，加强自律管理，接受管理单位和社会的监督。技术委员会应当定期对分技术委员会和标准制定工作组进行监督检查，并负责其提交的年度工作报告的审查。

④限期整改

技术委员会有下列情形之一的，国家标准委责令其限期整改，并予以公布：

起草的国家标准文本严重不符合《标准化工作导则》等相关要求的；

起草的国家标准重要技术内容错误或者内容不明确引起歧义的；

存在无法预见、避免和克服的情况，未按计划完成国家标准制修订和复审任务、对口国际标准化工作的；

对分技术委员会及其他单位报送的应当申报国家标准制修订项目的建议故意压制，不予申报的；

对分技术委员会和标准制定工作组管理上失察的；

不按规定程序制修订国家标准的；

不按规定使用和管理工作经费的；

存在其他违规行为，情节较轻的。

限期整改期间，国家标准委不再向其下达新的工作任务。

⑤重新组建

技术委员会有下列情形之一的，由国家标准委重新组建，并予以公布：

排斥利益竞争者参与国家标准制修订活动、为少数利益相关方谋取不正当利益，严重影响国家标准制修订的公正、公开、公平的；

在工作中有弄虚作假的；

期内未整改或整改不符合要求的；

期内无法正常开展工作的；

其他重大违法违规行为的。

技术委员会重新组建参照组建相关要求进行。重新组建期间，该技术委员会停止活动。

⑥调整秘书处承担单位

技术委员会秘书处有下列情形之一的，国家标准委对秘书处承担单位进行调整，并予以公布：

对秘书处工作支持不够或秘书处工作不够，致使技术委员会无法正常开展工作的；

利用技术委员会工作为本单位或者利益相关方谋取不正当利益的；

违反规定使用技术委员会经费，逾期未改正的；

存在其他重大违规行为的。

秘书处承担单位提出不再承担秘书处工作的也可以进行调整。秘书处承担单位的调整参照技术委员会组建相关要求执行。

⑦暂停

2年内没有国际标准化和国家标准制修订工作任务的技术委员会，国家标准委可以暂停其工作。暂停工作期间，技术委员会停止一切活动。因工作需要，经相关主管部门申请和国家标准委批准，暂停工作的技术委员会可以恢复工作。

⑧撤销

有下列情形之一的技术委员会，国家标准委予以撤销：

标准质量出现严重问题的，或者连续整改达不到要求的；

因工作不负责任，标准内容出现重大错误，造成严重后果的；

连续 3 年没有国家标准制修订和国际标准化工作任务的；

本专业领域标准制修订工作需求很少或者没有需求的；

其他原因。

被撤销的技术委员会的工作并入国家标准委指定的技术委员会。

⑨委员解聘

有下列情形之一的委员，由技术委员会报国家标准委批准后予以解聘：

未履行国家标准委规定和技术委员会章程规定的职责的；

利用委员身份为本人或者他人谋求不正当利益的；

其行为使技术委员会不能正常工作的；

存在其他违法违纪行为的。

⑩其他规定

技术委员会、委员和秘书处，未经授权擅自开展需经授权或者委托的活动，国家标准委对责任人予以通报批评。造成恶劣影响的可以解聘委员、调整秘书处承担单位、重新组建或撤销技术委员会。

（四）标准化研究机构

我国长期以来建立起了国家、行业、地方三级标准化研究机构，主要从事基础标准的研发、标准信息服务、部分行政委托管理和服务业务。

1. 中国标准化研究院

中国标准化研究院始建于1963年，是直属于国家质量监督检验检疫总局，从事标准化研究的国家级社会公益类科研机构，主要针对我国国民经济和社会发展中全局性、战略性和综合性的标准化问题进行研究。

（1）中国标准化研究院主要开展工作有：

标准化发展战略、基础理论、原理方法和标准体系研究、承担节能减排、质量管理、国际贸易便利化、视觉健康与安全防护、现代服务、公共安全、公共管理与政务信息化、信息分类编码、食品感官分析等领域标准化研究及相关标准的制定、修订工作。

（2）中国标准化研究院承担工作有：

相关领域的全国专业标准化技术委员会、分技术委员会秘书处工作；

相关标准科学实验、测试等研发及科研成果的推广与应用工作；

组织开展能效标识、顾客满意度测评工作；

地理标志产品保护研究及技术支持工作；

负责标准文献资源建设与社会化服务工作；

国家标准文献共享服务平台运行和标准化基础科学数据资源建设与应用工作。

中国标准化研究院是惟一的国家级标准化研究机构，将为我国经济发展和社会进步提供多方位标准支持，为推动我国技术进步、产业升级等提供重要支撑，为政府的标准化决策提供科学依据。

作为国家级社会公益类科研机构，中国标准化研究院一直致力于积极参与并主导国际组织活动，维护国家利益，承担了国际地理标志网络组织副主席职务。一共承担了国际标准化组织的技术委员会副主席、秘书等22个关键职务，并在节能、统计技术、图形符号、信息技术、语言培训服务、应急安全等领域主持制定ISO标准36项。

（3）中国标准化研究院的规模

中国标准化研究院拥有11个分支研究机构，实验基地和国家标准馆。其标准化科研工作领域主要包括：标准化理论与战略、基础标准化、社会公益标准化、高新技术与信息化标准化、资源与环境标准化、工业与消费品质量安全标准化、食品与农业标准化和国际标准化。受质检总局委托设有全国工业产品生产许可证审查中心和国家质检总局缺陷产品管理中心。试验基地主要开展人类工效学、食品感官分析、能效、眼面部防护方面的研究和检测业务。隶属中国标准化研究院的国家级标准馆，馆藏资源量达100余万册，涵盖我国各类标准以及70多个国际和区域标准化组织、60多个国家、450多个国外专业协会的标准，为社会各界提供各类标准文献服务。

（4）中国标准化研究院的成就

中国标准化研究院自1990年以来，相继承担了数十项国家重点科研项目和国家科技攻关项目，其中完成的"十五"国家重大科技专项中的三大课题《我国技术标准发展战略研究》、《国家技术标准体系建设研究》和《主要食品安全标准的基础研究及技术措施》，对推进国家标准化工作起到重要支撑作用。中国标准化研究院的《国家术语、图形符号体系建设》项目获得了国家科技进步二等奖。此外，中国标准化研究院还有许多成果获国家科技进步奖、部门科技进步奖以及重大科技成果奖，在国内外产生了重大影响，为我国国民经济的发展和科技进步做出了突出贡献。

（5）中国标准化研究院的未来

在未来的发展阶段，中国标准化研究院以科学发展观、《国家中长期科学和技术发展规划纲要》和《国家标准化发展纲要》为指导，高举实施技术标准战略的旗帜，围绕建设完善国家标准体系和提高国家标准化水平两大主题，充分发挥研制国家标准的主力军作用，参与国际标准化活动的国家队作用，提供标准化政策咨询的参谋部作用。中国标准化研究院坚持"科研为本，服务社会"的办院宗旨；坚持以人为本、自主创新、面向市场、走向国际的发展原则；在新的历史机遇和挑战面前，充分发挥科研、人才和管理三大优势，建成为科研和社会提供服务的技术标准研究平台、标准文献信息服务平台、技术标准咨询服务平台、符合性测试与认证平台、物流信息与电子商务平台、组织机构代码与电子政务平台，形成支撑我国标准化事业发展的标准化研究基地、标准化服务基地、标准化人才培养基地；努力实现标准化基础理论、技术标准实验验证能力、国际标准化活动能力三个方面的突破；建成科研理念先进，研究领域全面，人才结构合理，内部管理规范，基本设施完善，实力大幅提高的国际先进的标准化科研机构，全面支撑和带动我国标准化事业的跨越式发展。

2. 行业标准化研究院所

行业标准化研究院所是协助行业部、委、局开展标准化工作的机构。近年来，随着政府机构的变动和科研机构的改革，部分行业标准化研究院所保留了事业单位性质，为部、委、局继续提供标准化技术支持和服务；部分行业标准化研究院所被撤销、整合；部分行业标准化研究院所随着主管部门转为企业或者协会也有的随主管部门转入企业或者挂靠协会，各行业标准化研究院所以负责编制行业标准、协助编制国家标准以及标准信息服务为主要业务（见表3-5）。

标准制修订任务差别很大。如航空标准归口单位中国航空综合技术研究所，三年内承担各类标准制修订项目788项，而国家海洋标准计量中心三年内制修订各类标准35项。这也导致各行业标准化研究所的研制人员数量差别较大，中国航空综合技术研究所内有标准研制人员约150人，而国家海洋标准计量中心的标准研制人员为10人。行业标准化研究院所的研究人员以中青年为主，80%以上都是本科及以上学历和中高级职称。

行业标准化研究院所的标准研制经费基本上来自上级部门的投入，国家直接划拨的标准制修订补助经费只占很小的比例。如铁道部标准计量研究所每年的标准研制经费全部来自上级部门，国家海洋标准计量中心的标准研制经费80%来自上级部门，中船重工的标准化研究中心60%的标准研制经费来自上级部门，环境标准研究100%的标准研制经费来自上级部门，上海中药标准化研究中心的标准研制经费主要来自上海市科委的专项经费。

三、标准化管理体制

部分行业标准化研究院所简况　　　　表3-5

机构名称	承担的标准化科研工作	上级单位	主要业务
建设部标准定额研究所	组织工程建设、建筑工业与城镇建设产品标准的编制	住房和城乡建设部	（1）负责住房和城乡建设部主管的工程建设技术标准、工程项目建设标准与用地指标、建筑工业与城镇建设产品标准、全国统一经济定额、建设项目可行性研究与项目评价方法参数的研究和组织编制与具体管理工作； （2）负责住房和城乡建设部所属12个专业标准归口单位、4个标准化技术委员会和建设领域国际标准化组织（ISO）国内的归口管理工作； （3）负责归口"三新核准"的技术审查和建筑工业产品质量认证的具体工作； （4）负责标定额的出版发行和信息化管理工作
国家海洋局标准计量中心	6个实验室，2个检测中心	国家海洋局	负责实施全国海洋领域标准化、计量管理和质量监督，为海洋管理、海洋经济发展、海洋科技进步和国防建设提供技术支撑
邮电工业标准化研究所		邮电部	（1）负责邮电工业企业标准化的具体业务归口工作； （2）贯彻执行国家和邮电部有关标准化法规和方针、政策，组织制订邮电工业企业标准化有关规章制度；组织编制邮电工业企业标准化工作规划和年度计划等
轻工标准化研究所		中国轻工业联合会	（1）轻工包括国家、行业、企业标准的咨询、起草、制修订业务； （2）轻工领域相关课题的研究； （3）轻工标准、文献资料库动态维护及对外查询、发行服务业务； （4）标准编写、系列材料上报的指导审核工作； （5）国家专业标准化技术委员会相关基础标准的制修订及审查； （6）国家基础标准化科研课题的审查验收
机械工业仪器仪表综合技术经济研究所	承担3个技术委员会的秘书处	中国机械工业联合会	（1）负责组织和制定各类仪器仪表及工业自动化标准和计量检定规程； （2）组织实施仪器仪表产品的安全质量认证工作，开展工业自动化基础技术研究、工业通信技术研究、安全相关技术研究、测试技术研究、产品适用性研究与技术服务，开展工业自动化领域的新技术和新标准的技术培训、宣贯、推广工作
中国兵器工业标准化研究所	ISO/TC172/1.3.4.9的国内技术归口单位；兵器行业标准化科研技术的归口单位	中国兵器工业集团公司	承担国家标准化委员会、总装备部、工业和信息化部、中国兵器工业集团公司等单位下达的标准化科研及相关业务
石油工业标准化研究所	下设8个研究业务室；6个技术归口工作机构	中油股份公司质量安全环保部	（1）承担石油工业国家标准、行业标准体系研究及中油集团公司、股份公司企业标准体系发展战略和标准化管理； （2）负责石油工业国家标准、行业标准及中国石油企业标准制定、修订、复核报批和备案等技术归口工作； （3）承担ISO/TC 67国内技术归口工作，负责组织相关领域国际标准草案的投票；

续表

机构名称	承担的标准化科研工作	上级单位	主要业务
石油工业标准化研究所	下设8个研究业务室；6个技术归口工作机构	中油股份公司质量安全环保部	（4）负责石油工业标准化信息和咨询服务等管理工作；编辑出版并发行《石油工业标准化通讯》； （5）承担石油天然气行业标准的档案管理和技术咨询服务； （6）承担石油工业标准化技术委员会、中油集团公司、股份公司标准化网站的维护和运行
中国航天标准化研究所	国家军用标准、航天行业标准、企业标准、"三大规范"的编制	中国航天科技集团公司	紧密围绕航天型号研制的需求，提供标准化、质量与可靠性专业技术支持和服务
纺织工业标准化研究所	有关纺织国家标准的制定和归口管理	中国纺织科学研究院	主要开展纺织标准研究、纺织品检测、纺织仪器计量检定和纺织产品认证等工作
国土资源标准化研究中心		中国国土资源经济研究院	（1）负责国土资源标准的报批、复核、审查； （2）承担国土资源重要的基础性标准制定、修订工作； （3）承担与国际标准化组织ISO、IEC的对口业务工作和国际标准信息的研究与交流； （4）负责标准的宣贯、推广工作等
中化化工标准化研究所	承担相关技术委员会／分技术委员会的秘书处	中国化工信息中心	主要从事国家和化学工业标准化管理工作及标准体系研究工作，主导化工综合类国家标准、化工行业标准的计划、制定、修订、协调与审查、报批等事项，并大力开展政府课题、咨询服务等工作
铁道部标准计量研究所	ISO/TC 51托盘标准化的技术归口单位；收集铁道部制定或归口的国家标准档案204项，铁道行业标准档案2412项，JJG规程（铁道）53项	铁道部国家质检总局	（1）组织并参与铁道行业相关的国家标准和行业标准的制修订，铁道行业标准化审查及企业标准审查备案； （2）负责铁道行业专业计量工作的归口管理和计量监督，承担相关专业计量基础上的量值传递和标准比对工作； （3）开展国家强检项目轨道衡和铁路罐车容积的法定计量检定； （4）对部控工业产品的质量进行检测、监督和监督抽查，铁路产品生产许可证和制造特许证的发放考核检验，新产品的鉴定检测，整车、整机批量检验中的型式试验以及委托检验，并对受控项目实施质量跟踪，对铁路工业产品实施质量认证等工作
环境标准研究所		环保部	承担环境保护工程技术规范的技术管理工作，对各类环境保护标准制修订工作
中国电子技术标准化研究所	承担55个IEC、ISO／IEC、JTC 1的TC/SC国内技术归口和17个全国标准化技术委员会秘书处	工业和信息化部	电子信息技术标准化工作为核心，开展标准科研、检测、计量、认证、信息服务等业务
核工业标准化研究所	组织完成了1600多项核领域的标准和标准化科研项目	中国核工业集团公司	（1）组织和承担有关核行业国家标准、国家军用标准和行业标准的制定、修订及审查、复审和验证工作； （2）从事核行业标准的信息分析研究、出版发行和咨询服务工作；

三、标准化管理体制

续表

机构名称	承担的标准化科研工作	上级单位	主要业务
核工业标准化研究所	组织完成了1600多项核领域的标准和标准化科研项目	中国核工业集团公司	（3）负责核工业质量与可靠性科研和管理工作； （4）承担全国核能标准化技术委员会、全国核仪器仪表标准化技术委员会、国防科工委军工核动力标准化技术委员会和国防科工委核材料标准化技术委员会的秘书处工作； （5）负责ISO/TC 85和IEC/TC 45的国内技术归口工作；编辑出版《核标准计量与质量》期刊

3. 地方标准化研究院所

地方标准化研究院所的主要业务集中在标准信息服务、企事业代码和商品条码的服务。在标准研制方面主要针对企业标准的制定提供服务和指导工作，并承担一些地方标准的编制任务。

目前各地方标准化研究院所在开展标准研制工作中已经逐步摆脱了单纯依靠地方财政或者主管部门投入的局面。绝大部分院所都会自行筹措部分标准研制经费，其中近半数机构基本上全部靠自行筹措的经费来支持标准的研制工作。这从一个方面说明了广大的地方标准化研究院所的市场化意识已经显著加强，能够自主寻求和组织标准研制所需的经费，这对于提高标准的质量、市场竞争力和适应性无疑有很大的推动作用。

全国部分地方标准化研究院所的主要业务见表3-6。其中地方标准化研究院所规模相对较大的有深圳市标准技术研究院、上海市标准化研究院、山东省标准化研究院等。

部分地方标准化研究院所的主要业务　　　　表3-6

机构名称	主要业务
浙江省长三角标准技术研究院	（1）提供各类标准的立项起草、研制指导、出版发行、贯标培训、宣传推广、合标检测、评估认证等"标准化+"解决方案； （2）提供基于标准化的组织战略咨询、管理流程再造、科技成果转移转化等制定服务
浙江省标准化研究院	（1）承担国内外技术法规、标准、合格评定程序等技术文献的发行，提供查询、宣贯和有效性确认服务； （2）经授权管理浙江省组织机构代码、公共信息IC卡； （3）浙江省地方标准技术审查； （4）开展标准化课题研究和技术性贸易壁垒通报、评议、预警信息发布； （5）通过互联网、电视等媒介传播质量、计量、标准化信息以及企业产品质量信息； （6）代理国外认证咨询、培训

续表

机构名称	主要业务
深圳市标准化研究院	（1）国内外标准、技术法规供给服务； （2）标准化研究、咨询、培训、符合性检验、国际交流与合作； （3）技术性贸易措施研究与服务； （4）现代产业公共技术与标准化研究与服务； （5）编码技术在经济社会中的应用研究与服务； （6）公共标识标准化研究、应用与服务； （7）组织机构代码、商品条码、标准备案、标签备案、防伪管理等行政委托管理及服务； （8）质量技术监督信息资源开发与共享； （9）产品基础数据库建设与《深圳市产品年鉴》编辑出版工作； （10）质量技术监督信息化技术支持； （11）与质量技术监督相关的认定、评定、鉴定、评价、公估、验货等第三方公正性技术服务
上海市标准化研究院	主要从事标准化研究、标准化服务、组织机构代码及商品条码的管理及应用、质量认证服务、实验室认可培训等工作
天津市质量技术监督信息研究院	为政府和社会、企业、群众提供产品检验、质量体系咨询、认证、技术培训、进出口验货、许可证审查、科研开发等技术服务
山东省标准化研究院	主要承担标准化研究与服务、标准文献服务、WTO/TBT通报咨询服务、组织机构代码管理与服务、商品条码管理与服务、质量认证咨询服务、自动识别技术开发与服务、质量信息传播服务
重庆市标准化研究院	（1）负责标准文献、信息的采集、管理、应用； （2）质量技术监督与质量标准化研究； （3）承担全市组织机构代码证卡办理及其信息应用管理，商品条码办理、检验、管理、条码技术研究和推广应用； （4）开展全市WTO/TBT通报咨询工作；相关技术服务； （5）承办市质监局交办的其他工作
辽宁省标准化研究院	（1）负责辽宁省的标准化信息资源文献服务和基础理论与应用研究及标准化知识的培训、国家WTO/TBT通报咨询中心的信息传递、向社会各界提供WTO/TBT方面的咨询及从事相关专项研究工作； （2）负责全省的组织机构代码和物品编码的管理及IT产业的项目开发和应用推广
四川省技术监督情报研究所	开展标准化与信息编码研究，并提供标准文献收藏、发行、查询服务
河南省标准研究院	（1）收集国内外技术监督方面的标准、计量、质量、法规等资料、文献，负责省内外技术监督工作的搜集、整理、加工、传递； （2）负责技术监督资料的发行；组建技术监督数据库； （3）负责商品条码的申请、续展、条码印刷品的质量监督和检验； （4）负责条码技术推广应用等
江苏省技术监督情报研究所	（1）标准信息服务； （2）WTO/TBT通报咨询； （3）组织机构代码赋码颁证与管理； （4）商品条码注册与管理
新疆维吾尔族自治区质量技术监督信息研究所	（1）负责全区组织机构代码监督管理及推广应用工作； （2）负责全区条码工作的管理与实施； （3）承担条码印刷品的监督检验和条码印刷企业印刷资格认定工作； （4）搜集、开发质量管理、标准、计量信息，面向社会提供各类国内外技术咨询

三、标准化管理体制

续表

机构名称	主要业务
黑龙江省技术监督情报所	负责对全省的技术标准情报咨询、查新、研究、国内外标准资料提供、组织机构代码工作管理、商品条码管理及监督检验工作
宁夏质量技术监督信息所	负责监督检验产品质量、配合行政执法、提供技术咨询服务、产品委托检验、质量仲裁以及标准制定
海南省质量技术监督标准与信息所	承担标准文献、组织机构代码、商品条码及全省质量技术监督信息化建设工作
云南省技术监督情报所	负责标准的宣贯、查阅、制定、修订、发行，组织协调全省代码工作，商品条码的推广应用
安徽省技术监督情报研究所	（1）根据安徽省经济建设和技术监督事业发展的需要，负责国内外标准计量情报资料的收集、整理、加工、报道和咨询服务工作； （2）负责全省范围内技术监督情报网的组织管理工作，接受技术监督情报人员的业务培训，对全省技术监督情报工作进行业务指导； （3）开展技术监督情报的研究，为技术监督工作提供依据，为领导部门决策提供信息； （4）负责全省范围内组织机构代码的管理和开发应用工作； （5）为全省范围内的各行业采用国际标准和国外先进标准、国家标准、行业标准及地方（企业）标准以及修订标准的技术审查、新产品开发和鉴定、产品质量监督、质量认证、计量检定等工作提供有关软件技术保证和情报服务； （6）负责全省范围内商品条码的管理、检验和开发应用工作； （7）负责全省范围内各种质量、标准、计量资料和图书的征订发行及小型打字、印刷服务工作
江西省标准化研究所	（1）负责国际、国家和行业标准文献及有关法律法规、文献的收集、整理、分析、研究、报道、交流并提供利用； （2）负责江西省组织机构代码数据库信息系统建设、维护、管理和推广应用； （3）统一组织、协调、管理全省条码工作，推广运用条码技术，对条码产品进行监督检验等
贵州省质量技术监督信息所	（1）贯彻执行国家标准化工作的方针、政策和法律、法规； （2）制定地方性标准和管理办法，负责重要标准的宣传和监督实施； （3）管理企业产品执行标准的登记（备案）工作； （4）管理标准化技术委员会； （5）指导地方和企业开展标准化工作； （6）指导各地和企业组织机构代码和商品条码工作； （7）参与技术开发、技术改造、进口设备和新产品等重大项目的标准化审查工作
广东标准化研究院	（1）受上级主管部门委托，承担地方标准的研究、制定、修订工作； （2）提供企业产品标准备案前的技术性咨询服务； （3）经主管部门授权、委托，组织、协调和管理全省组织机构代码和商品条码工作； （4）负责全省代码数据库的建立、维护和应用； （5）初审商品条码的注册、变更、续展、注销； （6）对条码承印企业资格认可并监督条码的制作； （7）受委托承担广东质量技术监督信息网站的日常工作
湖南省标准化研究院	（1）承担全国组织机构代码管理中心的任务，负责全省组织机构代码的登记与管理工作； （2）承担中国物品编码中心的任务，负责全省条码的管理和服务工作；

续表

机构名称	主要业务
湖南省标准化研究院	（3）负责全省质量技术监督广域网络系统和湖南省质量技术监督局公众信息网站建设和管理工作，对外承接有关方面的软件开发、数据库开发、网站设计、综合布线、系统集成等工程项目； （4）负责标准文献的管理和服务工作，向社会提供国内外标准、计量、质量以及有关法律法规的信息咨询服务； （5）负责向中国"WTO/TBT（世界贸易组织/贸易技术壁垒）咨询点"通报湖南省制定地方技术法规、地方标准的信息，向社会提供WTO成员国对外通报的制定技术法规、标准、合格评定程序的信息，宣传、培训WTO/TBT基本知识，为企业提供咨询服务，帮助企业克服技术壁垒； （6）负责标准、计量、质量等方面的图书资料的发行和服务工作； （7）承担标准化、信息以及防伪技术方面的研究和运用工作
甘肃省标准化研究院	（1）贯彻执行国家科技发展和质量技术监督工作的方针政策，研究国家和甘肃省标准化发展态势，为政府决策提出合理建议； （2）开展质量技术监督情报研究，收集整理、汇总编印各种质量技术监督情报文献，建立全省标准化信息网络，面向社会开展标准化信息服务； （3）开展企业标准备案、企业标准评估及其他有关的标准化活动，做好采用国际标准、制定地方标准和产品创名牌的审查工作； （4）开展质量管理、质量计量监督、特种设备安全监察等方面的研究，做好甘肃省标准化法律、法规和各种章程的制订修改和实施工作； （5）负责全省商品条码的管理、条码质量的监督检验和条码技术应用系统的研究工作； （6）负责省直机关、事业、企业及社会团体组织机构代码的申请、赋码、颁证、验（换）证工作；开展代码、条码、标准文献及其他数据库的建设和网络服务活动，做好《商品条码管理办法》和《甘肃省组织机构代码管理办法》的行政执法工作
河北省标准化研究院	（1）开展国内外技术标准及技术法规的研究、提供有关标准方面的专题和单项技术咨询及定向服务，提供文档数字化加工和全文检索光盘出版； （2）发行最新版国家标准、行业标准、计量检定规程、质量管理和质量体系认证教材； （3）提供WTO相关法律法规、贸易政策、市场准入原则的咨询； （4）管理河北省组织机构代码工作及代码的应用推广，代码管理信息系统采用数字证书并与代码IC卡合一发行，采用B/S模式提供企业网上年检和管理； （5）管理河北省商品条码工作，办理商品条码注册、续展、条码原版胶片制作、条码印刷企业资格认定和条码印刷品质量检验等业务； （6）负责标准及标准化科研项目的相关工作。开展重点行业、重点领域的标准化发展、标准化理论与实践的研究；协助相关部门做好本部门标准及标准化相关科研项目的申报立项、验收等工作；做好本部门标准及标准化相关科研项目的开发、研究以及应用等工作； （7）承担标准及标准化相关领域技术咨询、应用和培训服务，以及技术交流； （8）负责河北省服务业标准化委员会的日常工作，负责组织有关专家开展相应活动，并进行相关领域的标准化研究工作
湖北省标准信息研究院	（1）建立和完善湖北省WTO/TBT通报咨询服务体系，向政府机构、社会公众提供WTO有关信息，组织进行TBT/SPS通报评议，接受政府、企业委托提供专项研究咨询，举办WTO/TBT论坛和相关学术交流活动，推动湖北省外贸经济发展和企业竞争能力提高； （2）开展国内外技术法规、标准动态信息的跟踪收集、馆藏加工与咨询服务，建立标准资源共享服务平台，开展标准化基础应用研究，为湖北省国民经济建设和标准化推广应用工作提供信息保障与技术支撑； （3）按照国家有关规定和要求为社会各类组织机构核发中华人民共和国组织机构统一代码证书，负责全省组织机构代码数据库、法人单位基础信息库的建设、维护和应用，促进电子政务和社会诚信体系建设；

续表

机构名称	主要业务
湖北省标准信息研究院	（4）负责湖北省中国商品条码系统成员注册、续展、注销办理及系统成员管理，负责条码印刷企业资格认定，宣传推广商品条码应用技术，承担条码标识产品质量监督检验，开展物品编码和信息自动识别技术应用研究，促进现代物流业发展； （5）承担中国标准出版社等标准化专业出版机构各类标准及图书在湖北省的发行工作

4. 协会（团体）标准化研究机构

协会（团体）标准化研究机构见表3-7。

协会（团体）标准化研究机构　　　　表3-7

机构名称	主要业务
中国工程建设标准化协会	专业培训，信息交流，国际合作，咨询服务
中国标准化协会	学术交流，国际合作，书刊编辑，专业展览，业务培训，咨询服务
浙江省产品与工程标准化协会	标准制定、标准咨询、资源共享、科技成果转化、服务行业规范化试点等
广东省木材行业协会	合作交流，技术研讨，咨询服务，行业自律
深圳市智慧城市研究会	智慧城市学术调查研究，会员交流，会员培训和会员咨询，维护会员的合法权益。（具体详见该会《章程》）
中国产学研合作促进会	理论研究，学术交流，国际合作，成果推广，展览展示，教育培训，宣传普及，书刊编辑，咨询服务
中关村半导体照明工程研发及产业联盟（国家半导体照明工程研发及产业联盟）	组织半导体照明技术研发及推广应用；开展技术咨询、专利服务、专业培训和信息服务；制定技术标准，开展检测、认证；承接政府委托；开展国际交流与合作
中国铸造协会	行业管理，技术交流，咨询服务，专业展览
中国电力企业联合会	行业约规，管理，标准，定额，可靠性，技能鉴定，培训资质，质量，咨询统计，展览，国际交流，刊物
新疆维吾尔自治区石油工程技术服务企业联合会	政策宣传，信息咨询，对外交流，会员服务，人才培训
中国国际贸易促进委员会商业行业分会	邀请和接待国外人士和代表团来访；组织国际组织机构交流；组织国际国内会议；组织培训和技术交流活动；组织代表团出国考察；组织行业标准规范制定
中国印制电路行业协会	行业管理，国际交流，展览展示，书刊编辑，专业培训，成果鉴定，信息交流，咨询服务
广东省节能减排标准化促进会	政策宣传，调查研究，政策建议和咨询，交流与合作，技术服务，编辑出版内部刊物
汕头市化妆品行业协会	调查研究，行业管理，承接政府委托，交流与合作，咨询服务
中国质量检验协会	技术交流，专业培训，咨询服务

续表

机构名称	主要业务
中国电机工程学会	学术交流，国际合作，科学普及，咨询服务
中国汽车流通协会	行业管理，信息交流，展览展示，业务培训，国际交流，咨询服务

四、标准的制定

(一）标准的分类与分级

1. 标准的分类

标准的分类方法多种多样，可以按不同的目的和用途从不同的角度进行分类。目前，我国运用较多的分类方法主要有按约束力和按对象两种分类方法。

(1) 按约束力分类

如果按约束力分，国家标准、行业标准可分为强制性标准、推荐性标准和指导性技术文件三种。这种分类方法是我国特殊的标准种类划分法。在实行市场经济体制的国家，标准一般是自愿性的。

1) 强制性标准

强制性标准是指具有法律属性的在一定范围内通过法律、行政法规等强制性手段加以实施的标准。《中华人民共和国标准化法》第二条规定"国家标准分为强制性标准、推荐性标准，行业标准、地方标准是推荐性标准。强制性标准必须执行。"

强制性标准的范围主要有以下几点：

①有关国家安全的技术要求；

②保障人体健康和人身、财产安全的要求；

③保护动植物生命安全和健康要求；

④产品及产品生产、储运和使用中的安全、卫生、环境保护要求及国家需要控制的工程建设的其他要求；

⑤污染物排放限值和环境质量要求；

⑥工程建设的质量、安全、卫生、环境保护按要求及国家需要控制的工程建设的其他要求；

⑦防止欺骗、保护消费者利益的要求。

2) 推荐性标准

除强制性标准范围以外的标准是推荐性标准。推荐性标准是指在生产、交换、使用等方面，通过经济手段调节而自愿采用的一类标准，又称自愿性标准或非强制性标准。任何单位都有权决定是否采用推荐性标准，违反这类标准不构成经济或法律方面的责任。但是，一经接受并采用，或各方商定同意纳入商品、经济合同之中，就成为共同遵守的技术依据，具有法律上的约束性，各方必须严格遵照执行。由于推荐性标准具有采用和执行的灵活性等优点，随着市场经济的发展，它将越来越受到重视。国家也通过经济的、行政的和法律的手段，促使各有关单位执行相关制度，例如采取生产许可证制度、质量认证制度等，以促进部分推荐性标准贯彻实施。

3) 指导性技术文件

指导性技术文件是一种推荐性标准化文件，不具有强制性。它是为给仍处于技术发展过程中（如变化快的技术领域）的标准化工作提供指南或信息，供科研、设计、生产、使用和管理等有关人员参考使用而制定的标准文件，例如：产品型号编制规则、各类标准编制导则等。它与发布的标准有区别。通常，国家标准化指导性技术文件涵盖两种项目，一种是采用 ISO、IEC 发布的技术报告的项目；另一种是技术尚在发展中，需要相应的规范性文件引导其发展，或具有标准化价值尚不能制定为标准的项目。实践证明，我国标准化工作的发展需要这样一类标准文件。

（2）按标准化对象分类

如果按标准化的对象分，标准可分为技术标准、管理标准、工作标准和服务标准四大类。这四类标准根据其性质和内容的不同又可继续划分成很多小类。

1) 技术标准

技术标准是对标准化领域中需要协调统一的技术事项所制定的标准。技术标准一般包括基础标准、方法标准、产品标准、工艺标准以及安全、卫生、环保标准等。

①基础标准

基础标准是指具有广泛的适用范围或包含一个特定领域的通用条款的标准。基础标准在一定的范围内可以直接应用，也可以作为其他标准的依据和基础，具有普遍的指导意义。基础标准主要包括技术通则类、通用技术语言类、结构要素和互换互连类、参数系列类等。

②方法标准

方法标准是以测量、试验、检查、分析、抽样、统计、计算、设计或操作等方法为对象所制定的标准。制定方法标准的目的在于使这些方法优化、严密化和统一化，这样在应用这些方法标准时，所得到的结果才有可比性。方法标准中大量的是试验标准，它们常常附有与测试有关的其他条款，诸如抽样、统计方法的应用以及试验步骤等。

③产品标准

产品标准是指对产品结构、规格、质量和检验方法所做的技术规定。产品标准除了包括适用性的要求外，还可直接地或通过引用间接地包括诸如术语、抽样、测试、包装和标签等方面的要求，有时还可包括工艺要求。产品标准在电子行业中常称为"产品规范"（简称"规范"），对于一些门类中类别较多的产品，产品标准还进行分层，如基础规范、总规范、分规范、空白详细规范和详细规范。

总规范适用于一个产品门类的标准，通常包括该类产品的术语、符号、分类与命名、试验方法、包装、运输、贮存等内容；在一个产品的总规范下加进适合于某一类型的标准，当该产品有较多特有内容需要统一规定时，可制定分规范。分规范仅适用于电子元器件；空白详细规范不是独立的规范层次，它是用来指导编写详细规范的一种格式。在空白详细规范中填入具体产品的特定要求时，即成为详细规范。空白详细规范仅适用于电子元器件；详细规范是指一种完整地规定某一种产品或一个系列产品的标准。它可以通过引用其他规范或标准来达到其完整性。在实际使用中，对于电子元器件称为"详细规范"，对于整机称为"规范"。

④工艺标准

工艺标准是根据产品加工工艺的特点对产品的工艺方案、工艺过程的程序、工序的操作要求、工艺装备和检测仪器、操作方法和检验方法等加以优化和统一后形成的标准，例如工艺名词术语、工艺文件格式；电镀和化学涂覆典型工艺等。

⑤安全、卫生、环保标准

安全标准是以保护人和物的安全为目的而制定的标准。安全标准有两种形式：一种是独立制定的安全标准，另一种是在产品标准或其他标准中列出有关安全的要求和指标。安全标准的内容包括安全标志、安全色、安全方面、劳动保护、安全规程的质量要求、安全器械、试验方法等。

四、标准的制定

卫生标准是为保护人的健康,对食品、医药及其他方面的卫生要求制定的标准。其范围包括食品卫生标准、药物卫生标准、劳动卫生标准、环境卫生标准、放射性卫生标准等。

环保标准是为保护人类的发展和维护生态平衡,以围绕着人类的空间及其中可以直接、间接影响人类生产和发展的各种自然因素的总体为对象而制定的标准。

2)管理标准

管理标准是对标准化领域中需要协调统一的科学管理方法和管理技术所制定的标准。制定管理标准的目的,是为了保证技术标准的贯彻执行,保证产品质量,从而提高经济效益,使各项管理工作合理化、制度化、规范化和高效化。管理标准主要包括技术管理、生产安全管理、质量管理、设备能源管理和劳动组织管理标准等,可以按照管理的不同层次和标准适用范围划分为以下几大类:

①管理基础标准:是对一定范围内的管理标准化对象的共性因素所做的统一规定,在一定范围内作为制定其他管理标准的依据和基础,具有普遍的指导意义。

②技术管理标准:是为保证设计、工艺、检验、计量、标准化、资料档案等各项技术工作具有合理的工作秩序、科学的管理方法、最佳的工作效率而制定的各项管理标准。

③生产管理标准:是企业为了正确编制生产计划、合理组织生产、降低物质消耗、增加产品产量、实现安全作业所制定的标准。

④质量管理标准:是为了使产品质量、成本质量、交货期质量和服务质量达到规定要求,实行质量管理所制定的标准。主要内容包括:质量管理、质量保证的要求、方法、程序,建立质量体系和管理标准;质量信息管理规定,质量保证及编制方法等标准。

⑤其他管理标准:有设备能源管理标准和劳动组织管理标准等。

3)工作标准

工作标准是指对工作的内容、方法、程序和质量要求所制定的标准,是具体指导某项工作或某个加工工序的工作规范和操作规程。一般分为三种:专项管理业务工作标准;现场作业标准;工作程序标准。

4）服务标准

服务标准是指规定服务应满足的要求以确保其适用性的标准。服务标准可以在诸如洗衣、饭店管理、运输、汽车维护、远程通信、保险、银行、贸易等领域内编制。按服务标准的内容和性质主要可分为服务保障标准、服务提供标准和质量控制标准三类。

2. 标准的分级

（1）标准级别

国际标准：指由国际标准化组织（ISO）、国际电工委员会（IEC）、国际电信联盟（ITU）所制定的标准，以及被国际标准化组织确认并公布的其他国际组织所制定的标准。国际标准是世界各国进行贸易的基本准则和基本要求，在世界范围内统一使用。

区域标准：又称为地区标准（DB），指由一个地理区域的国家代表组成的区域标准组织制定并在本区域内统一和使用的标准，如欧洲标准化委员会（CEN）、亚洲标准咨询委员会（ASAC）、泛美技术标准委员会（COPANT）所制定的标准。区域标准是该区域国家集团间进行贸易的基本准则和基本要求。

国家标准：指由国家标准化主管机构或国家政府授权的有关机构批准、发布并在全国范围内统一和使用的标准。如日本工业标准（JIS）、德国标准（DIN）、英国标准（BS）、美国标准（ANSI）等。除国家法律法规规定强制执行的标准以外，一般的国家标准有一定的推荐意义。

行业标准：指由一个国家内一个行业的标准机构制定并在一个行业内统一和使用的标准。如我国电子行业标准（SJ）、通信行业标准（YD）等。

团体标准：指由一个国家内一个团体批准发布，并在该部门范围内统一使用的标准。如：中国工程建设标准化协会（CECS）、美国试验与材料协会（ASTM）、德国电气工程师协会（VDE）、日本电气学会电气标准调查会（JEC）等制定的标准。

地方标准：又称为区域标准，指由一个国家内的某行政区域标准机构制定并在本行政区内统一和使用的标准。

企业标准：指由一个企业（包括企业集团、公司）的标准机构制定并在本企业内统一和使用的标准。在公布国家标准或者行业标准之后，该地方标准即应废止。

（2）我国标准的分级及其编号

根据标准的适应领域和有效范围，我国将标准分为五级，即国家标准、行业标准、团体标准、地方标准和企业标准。

1）国家标准

国家标准是指由国家标准化主管机构批准，并在公告后通过正规渠道购买的文件。除国家法律法规规定强制执行的标准以外，一般有一定的推荐意义。对需要在全国范围内统一的下列技术要求，应当制定国家标准。《中华人民共和国标准化法》将需要统一的技术要求概括为如下方面：

①工业产品的品种、规格、质量、等级或者安全、卫生要求；

②工业产品的设计、生产、检验、包装、储存、运输、使用的方法或者生产、储存、运输过程中的安全、卫生要求；

③有关环境保护的各项技术要求和检验方法；

④建设工程的设计、施工方法和安全要求；

⑤有关工业生产、工程建设和环境保护的技术术语、符号、代号和制图方法。

《中华人民共和国标准化法实施条例》又把需要统一的技术要求扩展为如下方面：

①工业产品的品种、规格、质量、等级或者安全、卫生要求；

②工业产品的设计、生产、试验、检验、包装、储存、运输、使用的方法或者生产、储存、运输过程中的安全、卫生要求；

③有关环境保护的各项技术要求和检验方法；

④建设工程的勘察、设计、施工、验收的技术要求和方法；

⑤有关工业生产、工程建设和环境保护的技术术语、符号、代号、制图方法、互换配合要求；

⑥农业（含林业、牧业、渔业，下同）产品（含种子、种苗、种畜、种禽，下同）的品种、规格、质量、等级、检验、包装、储存、运输以及生产技术、管理技术的要求；

⑦信息、能源、资源、交通运输的技术要求。

国家标准的代号由大写汉字拼音字母构成,强制性国家标准代号为"GB",推荐性国家标准的代号为"GB/T",指导性技术文件代号为"GB/Z"。国家标准的编号由国家标准的代号、标准发布顺序号和标准发布年代号（四位数组成），示例如下：

示例1：强制性国家标准

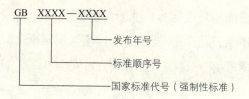

示例2：推荐性国家标准

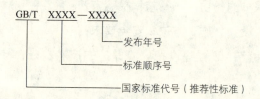

2）行业标准

根据《中华人民共和国标准化法》第十二条规定："对没有推荐性国家标准、需要在全国某个行业范围内统一的技术要求，可以制定行业标准。行业标准由国务院有关行政主管部门制定，报国务院标准化行政主管部门备案。"例如：机械、电子、建筑、化工、冶金、轻工、纺织、交通、能源、农业、林业、水利等，都制定有行业标准。

行业标准的发布部门由国务院标准化行政主管部门审查确定。凡批准可以发布行业标准的行业，由国务院标准化行政主管部门公布行业标准代号、行业标准的归口部门及其所管理的行业标准范围。

行业标准由行业标准归口部门审批、编号和发布。行业标准发布后，行业标准归口部门应将已发布的行业标准送国务院标准化行政主管部门备案。

行业标准的代号也是由各行业大写汉语拼音字母构成，例如：机械行业标准，行业标准代号为"JB/T"，指导性技术文件代号为"JB/Z"。行业标准的编号由行业标准代号、行业标准发布顺序号和行业标准发布年号组成，示例如下：

示例3：推荐性行业标准

3）团体标准

团体标准（social organization standards）是指由团体按照自行规定的标准制定程序制定并发布，供团体成员或社会自愿采用的标准。团体标准的制定和发布无需向行政相关部门报批或是备案，是社会团体的自愿行为。

团体标准的代号由大写汉字拼音字母构成，例如：中国标准化协会，其发布的标准代号为"T/CAS"（详见示例4和示例5）。团体标准的编号由团体标准代号、团体代号、团体标准顺序号和年代号组成，示例如下：

示例4：中国标准化协会制定的单独团体标准编号

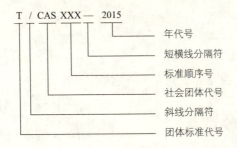

注：团体代号与标准顺序之间空半个汉字的间隙，标准顺序号与年号之间的连接号为中一字线。

示例5：中国标准化协会制定的部分团体标准编号

注：团体代号与标准顺序号之间空半个汉字的间隙，标准顺序号与年号之间的连接号为中一字线。

4）地方标准

地方标准又称为区域标准，对没有国家标准和行业标准而又需要在省、自治区、直辖市范围内统一的工业产品的安全、卫生要求，可以制定地方标准。地方标准由省、自治区、直辖市标准化行政主管部门制定，并报国务院标准化行政主管部门和国务院有关行政主管部门备案。地方标准在相应的国家标准或行业标准实施后，自行废止。

地方标准的代号由大写汉字拼音字母构成，地方标准的代号为"DBXX/T"。地方标准的编号由地方标准代号、地方标准发布顺序号、标准发布年代号（四位数）三部分组成。示例如下：

示例6：推荐性地方标准

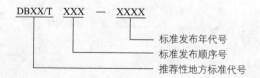

5）企业标准

企业生产的产品没有国家标准、行业标准和地方标准的，应制定相应的

四、标准的制定

企业标准作为组织生产的依据。企业的产品标准由企业组织制定（农业企业标准制定办法另定），须报当地政府标准化行政主管部门和有关行政主管部门备案。已有国家标准或者行业标准的，国家鼓励企业制定严于国家标准或者行业标准的企业标准，在企业内部适用。企业标准制定对象除产品标准外，对企业标准化领域中需要协调统一的技术事项、管理事项和工作事项所制定的标准，在企业内部使用。

企业标准的代号可用大写汉字拼音字母或阿拉伯数字或两者兼用构成。企业标准一经制定颁布，即对整个企业具有约束性，是企业的法规性文件，没有强制性企业标准和推荐企业标准之分。企业标准的编号由企业标准代号、标准发布顺序号和标准发布年代号（四位数）组成。示例如下：

示例 7：企业标准

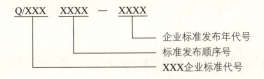

（二）标准制定的原则

在编写标准时，应遵守一些基本原则，只有全面掌握编写标准所需要遵循的总体原则，才能更加深入地理解编写标准的具体规定，才能使制定出来的标准在经济建设和社会发展中发挥应有的作用。

1. 统一性

统一性是对标准编写及表达方式的最基本的要求。统一性强调的是内部的统一，这里的"内部"包括一项单独出版的标准或部分的内部、一项分成多个部分的标准的内部以及一系列相关标准构成的标准体系的内部三个层次。统一性原则包括四个方面，即标准的结构、文体、术语和形式。

（1）结构统一

标准的结构统一是指标准中的章、条、段、表、图和附录的排列顺序须一致。系列标准的每项标准（或一项标准的不同部分）的结构及其章、条的编号应尽可能相同。在起草系列标准中的各项标准或起草分为多个部分的标准的各部分时，应做到各项标准或部分之间的结构应尽可能相同；各项标准或部分中相同或相似内容的章、条编号应尽可能相同。

（2）文体统一

在标准的每个部分、每项标准或系列标准中，标准的文体应保持一致。类似的条款应使用类似的措辞来表述；相同的条款应使用相同的措辞来表述。

（3）术语统一

在标准的每个部分、每项标准或系列标准内，标准的术语应保持一致。对于同一个概念应使用同一个术语。对于已定义的概念应避免使用同义词。每个选用的术语应尽可能只有唯一的含义。另外，为了有利于标准的配套贯彻执行，对于某些属于一个行业范围内的标准或相关程度较高的标准，虽然不是系列标准，也应考虑术语的统一问题。

（4）形式统一

形式是内容的反映，统一的形式有助于使用者对标准内容的理解、查找及使用。《标准化工作导则 第1部分：标准的结构和编写》GB/T 1.1-2009中对相关内容形式的统一作出了规定，例如：

1）列项的符号：要求在一项标准中或标准的同一层次的列项中，使用破折号还是圆点应统一；

2）无标题条或列项的主题：规定某个列项中的某一项或某一条中，如需强调主题，每个无标题条都应有用黑体字标明的主题；

3）条标题：规定在某一章或条中，其下一个层次中的各条有无标题应统一；

4）图题和表题：规定标准全文中的图和表有无标题应统一。

上述要求对保证标准的理解将起到积极的作用，"结构、文体、术语和形式"的统一将避免由于同样内容不同表述而使标准使用者产生疑惑甚至不利的影响。另外，从标准文本自动处理的角度来考虑，统一性也将使文本的计算机处理甚至计算机辅助翻译更加准确方便。

2. 协调性

"协调"一词的本意是"配合得适当"，从系统的角度上看，协调可理解为"对系统进行人为的干预，使其中各组成部分或相关因素之间建立起相互适应，相互衔接的关系"。标准是构成体系的技术文件，各有关标准之间存在着广泛的内在联系。前面提到的统一性是针对一项标准或部分的内部或一系列标准的内部而言的，而协调性是针对标准之间的。标准之间只有相互协调、相互配合，才能达到所有标准的整体协调，充分发挥标准系统的功能，获得良好的系统效应：一是同级标准之间要协调，不能互相交叉、重复甚至矛盾；二是下级标准不得与上级标准相抵触。同级标准是指国家标准与国家标准之间，行业标准与行业标准之间，同一省（直辖市、自治区）的地方标准之间或同一企业的企业标准之间，其标准内容应协调一致。为此，国家标准化行政主管部门已成立了国家标准审查部门，以保证国家标准之间的协调，其余同级标准编写时也应注意相互协调。在制定标准时，为了达到标准系统整体协调的目的，应注意以下两个方面。

（1）遵守现行基础标准

每一项标准都遵守基础标准，这就使得适用最广泛的标准得到了贯彻，保证了每个标准符合标准化的最基本的原则、方法和基础规定，从而达到了各标准之间在基本层面上的协调。具体来说，首先每项标准应遵循现有基础标准的有关条款，尤其是在涉及标准化原理和方法，标准化术语，术语的原则与方法，量、单位及其符号，符号、代号和缩略语，参考文献的标引等等有关内容时；对于特定技术领域，还应考虑涉及诸如尺寸公差和测量的不确定度，统计方法，环境条件和有关试验等内容的标准中的有关条款；制定标准时除了与上述标准协调外，还要注重与同一领域的标准进行协调，尤其要考虑本领域的基础标准，注意遵守已经发布的标准中的规定。

（2）采取引用的方法

为了避免由于抄录错误导致的不协调以及由于被抄录标准的修订造成的不协调，可以采取引用的方法而不重复抄录适用标准中的内容。

3. 适用性

适用性指所制定的标准便于使用，并易于被其他标准或文件所引用的特性。标准的适用性是对标准本身质量的综合要求。标准的适用性主要体现在以下两方面。

（1）适于直接使用

任何标准只有被广泛使用才能发挥其作用。因此，标准中的每个条款都应是可操作的便于直接使用的。在编写标准之前就应该考虑到标准中的条款是否适合直接使用。此外，《标准化工作导则 第1部分：标准的结构和编写》GB/T 1.1-2009对标准中某些要素设置的规定也是出于适用性的考虑。例如，"规范性引用文件"要素的设置，就是为了便于使用者在固定位置检索标准中规范性引用文件，并且给出了与标准直接相关其他标准的情况，有助于使用者对标准内容的理解；标准中"索引"和"目次"的设定，分别从不同的角度为使用者了解标准的内容和结构提供了方便。

（2）便于被其他标准或文件引用

标准的内容不但要便于实施，还要考虑到易于被其他标准、法律、法规或规章所引用。《标准化工作导则 第1部分：标准的结构和编写》GB/T 1.1-2009规定的标准编写规则中的许多条款都是基于为了便于被引用的需求而制定的。

例如《标准化工作导则 第 1 部分：标准的结构和编写》GB/T 1.1-2009 所做的下述规定和要求。

1）标准部分的划分

《标准化工作导则 第 1 部分：标准的结构和编写》GB/T 1.1-2009 规定，当"标准的某些内容可能被法规引用"和"标准的某些内容拟用于认证"时，一项标准可分成若干个单独部分。

2）编号

条的编号：采用阿拉伯数字加下脚点的形式，一直可分到第五层次的条（如 6.1.1.1.1.1）。这种编号是标准特有的形式，为使用者引用标准中的具体条提供了极大的方便。

列项的编号：在编写列项时应考虑列项中的某些项是否会被其他标准所引用，如果被引用的可能性很大，则应对列项进行编号（包括字母编号和数字编号）。

其他编号：《标准化工作导则 第 1 部分：标准的结构和编写》GB/T 1.1-2009 规定，标准中的每条术语、每幅图、每个表、每个公式、每个附录均应有编号，也是基于标准便于被其他标准或文件引用的目的。

3）避免悬置段

《标准化工作导则 第 1 部分：标准的结构和编写》GB/T 1.1-2009 所提出的"无标题不应再分条"和"应避免在章标题或条标题与下一层次条之间设段"的规定可防止悬置段的产生，从而可避免引用这些悬置段时可能造成的混淆。

4. 一致性

一致性指起草的标准应以对应的国际文件（如有）为基础并尽可能与国际文件保持一致。

（1）保持与国际文件的一致性程度

起草标准时，如有对应的国际文件，起草标准时应考虑以这些国际文件为基础制定我国标准，在此基础上还应尽可能保持与国际文件的一致性，按照《标准化工作指南 第 2 部分：采用国际标准》GB/T 20000.2-2009 确定一致性程度，即等同、修改或非等效。

（2）明确标示一致性程度的信息

如果所依据的国际文件为 ISO 或 IEC 标准，则该类标准的起草应按照 GB/T 20000.2-2009 的规定明确标示与相应国际文件的一致性程度，还应标示和说明相关差别的信息。这类标准的起草除应符合《标准化工作导则 第 1 部分：标准的结构和编写》GB/T 1.1-2009 的规定外，还应符合《标准化工作指南 第 2 部分：采用国际标准》GB/T 20000.2-2009 的规定。

5. 规范性

规范性指起草标准时要遵守相关法律法规以及与标准制定有关的基础标准。我国已经建立了支撑标准制修订工作的基础性系列国家标准，因此起草标准都应遵守这些基础标准的相关规定和要求。实现规范性要做到以下三个方面。

（1）确定标准的预计结构和内容层次

在起草标准之前，应首先按照《标准化工作导则 第 1 部分：标准的结构和编写》GB/T 1.1-2009 关于标准部分划分的原则确定标准的预计结构和内在关系，尤其应考虑内容和层次的划分。如果标准分为多个部分，则应预先确定各个部分的名称。还应按照《标准化工作导则 第 1 部分：标准的结构和编写》GB/T 1.1-2009 的规定考虑单独标准的内容层次划分和要素编排。

（2）遵守标准的制定程序

为了促进标准制定工作的有序进行，保证一项标准或一系列标准的及时发布，国家标准、行业标准、地方标准和企业标准的起草工作的所有阶段均应遵守法律法规和相关标准中规定的标准制定程序。

（3）遵守标准的编写规则

标准起草工作的所有阶段均应遵守《标准化工作导则 第 1 部分：标准的结构和编写》GB/T 1.1-2009 规定的编写规则，根据所编写标准的具体情况还应遵守《标准化工作指南 第 2 部分：采用国际标准》GB/T 20000、《标准编写规则 第 2 部分：符号标准》GB/T 20001.2-2015 和《标准中特定内容的起草 第 4 部分：标准中涉及安全的内容》GB/T 20002.4-2015 相应部分的规定。

(三) 标准制定程序

制定标准、贯彻实施标准和对标准的实施进行监督是标准化工作三大任务，而其中首要的任务就是制定标准。制定标准是一个十分严谨的过程，要严格遵守标准的制定程序。按照统一规定的程序开展标准制定工作，是保障标准编制质量和水平，缩短标准制定周期，实现标准制定过程公平、公正、协调、有序的基础和前提。

1. 国家标准制定的常规程序

以世界贸易组织（WTO）关于标准制定阶段划分的要求为基础，参考国际标准化组织（ISO）和国际电工委员会（IEC）的《ISO/IEC 导则第 1 部分：技术工作程序》，结合我国《国家标准管理办法》对国家标准的计划、编制、审批发布和复审等程序的具体要求，我国颁布了《国家标准制定程序的阶段划分及代码》GB/T 16733-1997 标准，确定了我国国家标准制定程序阶段划分为预阶段、立项阶段、起草阶段、征求意见阶段、审查阶段、批准阶段、出版阶段、复审阶段和废止阶段等 9 个阶段。

（1）预阶段

预阶段（preliminary stage）是标准计划项目建议的提出阶段。全国专业标准化技术委员会（以下简称"标准化技术委员会"）根据国民经济和社会发展的需要，对计划项目建议的必要性和可行性进行论证和审查，制定相关标准化技术委员会对其必要性和可行性初审，并向社会公开征求意见。若新工作项目提案通过，则上报给国务院标准化主管部门，提案包括标准草案或标准大纲（如标准的范围、结构及与其他标准相互协调的关系等）。若提案未通过，则放弃该提案。这一阶段的任务为新工作项目提案。

（2）立项阶段

立项阶段（proposal stage）是指标准新工作项目的确立阶段，自国务院标准化行政主管部门收到新工作项目提案建议起，至国务院标准化行政主管部门下达新工作项目计划止。国务院标准化行政主管部门对上报的国家标准新工作项目提案建议进行统一汇总、审查、协调和确定,直至建议被通过并下达《国家标准制修订计划》。立项阶段的时间周期一般不超过3个月。

(3)起草阶段

起草阶段(preparatory stage)是指标准的编写阶段,自标准化技术委员会收到《国家标准制修订计划》起,落实计划、组织标准项目的实施,至标准起草工作组完成标准征求意见稿止。起草阶段的时间周期一般不超过10个月。标准起草阶段需要提供的材料包括"标准编制说明"和"标准草案"。该阶段有如下两项任务:

1)成立标准起草工作组

标准草案由承担任务的相应标准化技术委员会组织起草。承担起草草案的单位应当具备相应的能力,可以是科研单位、企业,也可以是社团、中介机构。标准计划项目下达后,技术委员会将邀请标准起草单位的代表组成WG。WG 的人员应由具有一定技术水平和实践经验,比较了解全面情况的标准化人员和生产、科研等各有关方代表组成。

2)编制标准征求意见稿及"编制说明"

工作组 WG 成立后,要经过研究和认证,之后开始起草标准草案征求意见稿。标准草案的编写应符合《标准化工作导则 第 1 部分:标准的结构和编写》GB/T 1.1 的规定。在起草标准草案的同时要编写《编制说明》及有关附件。

编制说明的主要内容一般包括:

①工作简况:包括任务来源、协作单位、主要工作过程、国家标准主要起草人及其所做的工作等。

②标准编制原则和确定国家标准主要内容的依据;修订国家标准时,应增列与旧国家标准水平的对比。

③国家标准作为强制性国家标准或推荐性国家标准的建议。

④贯彻国家标准的要求和措施建议(包括组织措施、技术措施、过渡办法等内容)。

⑤主要试验的分析、综述报告,技术经济论证,预期社会经济效益。

⑥与有关的现行法律、法规和强制性国家标准的关系。

⑦采用国际标准或国外先进标准的程度,以及与国外同类标准水平的对

比情况或与测试的国外样品、样机的有关数据对比情况。

⑧重大分歧意见的处理经过和依据。

⑨废止现行有关标准的建议。

⑩其他应予以说明的事项。

（4）征求意见阶段

征求意见阶段（committee stage）自标准起草工作组将标准征求意见稿发往有关单位征求意见起，经过收集整理反馈意见，提出征求意见汇总处理表，至完成国家标准送审稿止。征求意见阶段的时间周期一般不超过 5 个月。

该阶段的相关要求及规定包括：

1）标准起草工作组完成的国家标准征求意见稿和《标准编制说明》及有关附件经标准化技术委员会主任委员同意，由起草单位向有关行业部门、协会以及相关生产、销售、科研、检测等单位广泛征求意见。征求意见时间一般不超过两个月，并且最好附上《标准意见反馈表》（格式如图 4-1 所示），便于对意见的综合、整理。

《×××……》国家标准（征求意见稿）意见反馈表

<table>
<tr><td>姓名</td><td></td><td>电话</td><td></td><td>传真</td><td></td><td>E-mail</td><td colspan="2"></td></tr>
<tr><td>单位</td><td colspan="3"></td><td>通信地址</td><td colspan="2"></td><td>邮编</td><td></td></tr>
<tr><td>章条号</td><td colspan="3">修改建议</td><td colspan="5">修改理由</td></tr>
<tr><td></td><td colspan="3"></td><td colspan="5"></td></tr>
</table>

请加盖单位公章　　（纸幅不够，请附页）

图 4-1 《国家标准（征求意见稿）意见反馈表》格式

2）被征求意见的单位应在规定期限内回复意见，如没有意见也应复函说明，逾期不复函，按无异议处理。在征求意见过程中，标准起草工作应随时掌握对标准草案征求意见稿的主要分歧意见，加强联系与协调。

3）负责起草单位应对征集的意见进行综合整理，逐条进行认真地分析和研究，提出处理意见，经标准起草工作组集体讨论后，依据处理意见修订标准草案征求意见稿，提出国家标准送审稿、标准编制说明及有关附件、《意见汇总处理表》，其格式如图 4-2 所示，送国家标准化技术委员会秘书处或技术归口单位审阅，并确定能否提交审查。

4）必要时可重新征求意见，例如国家标准征求意见稿需要进行重大修改时，则应分发第二征求意见稿（甚至第三征求意见稿）征求意见。此时项目负责人应主动向有关部门提出延长或终止该项目计划的申请报告。

意见汇总处理表

国家标准名称：　　　　负责起草单位：　　　　　　共　页　第　页
承办人：　　　　　　　电话：　　　　　　　　　　年　月　日填写

序号	国家标准章、条编号	意见内容	提出单位	处理意见	备注

说明：① 发送《征求意见稿》的单位数：　　个。
　　　② 收到《征求意见稿》后，回函的单位数：　　个。
　　　③ 收到《征求意见稿》后，回函并有建议或意见的单位数：　　个。
　　　④ 没有回函的单位数：　　个。

图 4-2 《意见汇总处理表》格式

（5）审查阶段

审查阶段（voting stage）自标准化技术委员会或项目主管部门或其委托的技术归口单位收到标准起草工作组完成的国家标准送审起，经过会议审查或函审，至标准起草工作组最终完成国家标准报批稿止。审查阶段的时间周期一般不超过 5 个月，这一阶段的任务为完成国家标准报批稿。

已成立标准化技术委员会的，由标准化技术委员会按《全国专业标准化技术委员会管理规定》和标准化技术委员会章程组织审查；未成立标准化技术委员会的，由项目主管部门或其委托的技术归口单位组织审查。参加审查的，应有国家标准相关的主要生产、经销、使用、科研、检验等单位的代表。其中，使用方面的代表应不少于四分之一。

国家标准送审稿的审查可采用会议审查或函审的形式进行。强制性国家标准的审查需采用会议审查的形式。对技术、经济意义重大，涉及面广，分歧意见较多的推荐性国家标准宜采用会议审查形式，其余的可采用函审形式。

1）会议审查

会议审查时，组织者至少应在会议前一个月将会议通知、国家标准送审稿、《标准编制说明》及有关附件、《意见汇总处理表》等提交给国家标准审查组专家。会议审查原则上应协商一致，并充分听取各方不同意见。表决时，应有不少于出席会议审查专家人数的四分之三同意为通过；国家标准的起草人不能参加表决，其所在单位的代表不能超过参加表决者的四分之一。审查专家出席率不足三分之二时，应重新组织审查。应写出会议审查的《会议纪要》，并附参加审查会议的审查专家名单。

2）函审

函审时，组织者应在函审表决前两个月将函审通知、国家标准送审稿、《标准编制说明》及有关附件、《意见汇总处理表》和《函审单》提交给参加函审的部门、单位和人员。函审时，应有四分之三回函同意为通过。函审回函率不足三分之二时，应重新组织审查。应写出《函审结论》并附《函审单》。标准起草工作组应根据会议审查意见或函审意见完成国家标准报批稿，并完成《标准编制说明》的修改。

如果国家标准送审稿没有被通过，标准起草工作组应完成国家标准送审稿（第二稿）并再次由标准化技术委员会或相关部门组织审查。同时，项目负责人应主动向有关部门提出延长或终止该项目计划的申请报告。

（6）批准阶段

批准阶段（approval stage）指标准报批稿由标准化技术委员会或技术归口单位审核后报国务院标准化行政主管部门或有关主管部门批准，并统一编号发布国家标准。批准阶段由国务院标准化行政主管部门登记 FDS 时开始。批准阶段时间周期一般不超过 8 个月，这一阶段的任务为完成国家标准出版稿。批准阶段主要工作结束的标志是结束审核，提出审核意见。

1）标准的审核

批准阶段的工作主要是对 FDS 进行程序审核。这包括以下几个方面的内容：

①制定程序是否规范

国务院标准化行政主管部门将审核该项目是否按照《国家标准管理办法》和《标准化工作导则》的相关要求开展制定工作；所制定标准的名称、范围与计划有无变化；是否按立项时的规定时间完成；若延期是否有相应的手续；各环节是否有相关人员和单位的授权和确认。

②相关文件是否规范

国务院标准化行政主管部门将审核该项目过程中产生的各类标准草案和工作文件是否符合相关的规定，提交的种类和数量是否满足要求。

2）作出审批决定

在批准阶段，国务院标准化行政主管部门将作出以下几种决定：

①决定该项目需要返回前期阶段。例如，发现了程序不符合制定程序规定的问题，将 FDS 及相关工作文件退回技术委员会，返回至前期阶段。

②发现该项目已不适宜技术经济发展的要求，可给予终止。

③确认 FDS 及相关工作文件满足制定程序的要求，批准 FDS 成为国家标准，给予标准编号后纳入国家标准批准发布公告，并将 FDS 作为国家标准的出版稿交至出版社。

（7）出版阶段

出版阶段（publication stage）指国家标准批准发布后，出版机构按照《标准化工作导则 第 1 部分：标准的结构和编写》GB/T 1.1 的规定，对上阶段提交的标准草案进行必要的编辑性修改，然后出版国家标准的过程。时间周期一般不超过 3 个月。在国家标准出版过程中，发现内容有疑点或错误时，标准出版单位应及时与负责起草单位联系。如国家标准技术内容需更改时，需经国家标准的审批部门批准。需要翻译为外文出版的国家标准，其译文由该国家标准的主管部门组织有关单位翻译和审定，并由国家标准出版单位出版。出版阶段完成的标志是国家标准正式出版。

（8）复审阶段

复审阶段（review stage）是技术委员会对国家标准的适用性进行评估的过程，是指国家标准在使用一定时期后，国家标准制定部门根据科学技术的发展和经济建设的需要，对国家标准的技术内容和指标水平进行重新审查，以确认国家标准的有效性。复审周期一般不超过 5 年。国家标准的复审可采用会议审查或函审，一般要有参加过该国家标准审查工作的人员参加。复审阶段由技术委员会布置复审工作时开始，主要工作是评估国家标准的适用性，主要工作结束的标志是结束复审。

1）复审目的

复审标准主要是为了确认标准的有效性。随着科学技术和社会经济的发展，标准内容需要不断地更新。及时进行修订，废止已过时的标准，将先进的科学技术成果和生产实践经验纳入标准中，从而提高标准的适用性，保证标准的先进性和合理性，使标准在科学技术发展和经济建设中发挥其应有的作用。

2）复审周期

国家标准的复审周期一般不超过5年。不同类型标准的稳定期各不相同，因此其复审周期也不一致。基础标准是一定范围内标准化对象的共同性因素，对标准的制定具有普遍的指导意义，因而这一类标准稳定时期长，其复审周期长一些；技术方法标准如试验方法、检验方法、抽样方法、施工规范、设计规范等，会随着科学技术的发展而变化，这类标准稳定时期比基础标准短，其复审周期也相应短一些；而产品标准随着产品的更新换代，其变化就更快，稳定时期更短，其复审周期相应也就更短。

3）复审内容

国家标准复审的主要内容包括：国家标准是否与国家现行法律法规相抵触；在实施过程中，是否发现了新的需要解决的问题；是否适应科学技术和社会经济发展的需要；是否与其他国家标准相协调；采用国际标准制定的国家标准，是否需要与国际标准的变化情况保持一致。

4）复审机构

国家标准的复审是一项经常性且较复杂细致的工作，由负责国家标准制修订的标准化技术委员会或技术归口单位负责。国家标准的复审应广泛征求标准化技术委员会委员、相关使用方等的意见，标准化技术委员会或技术归口单位每年应向国务院标准化行政主管部门申报国家标准复审意见，由国务院标准化行政主管部门进行审查。

5）复审结果

复审结果是指国务院标准化行政主管部门对报送的国家标准复审意见进

行审查后,确定国家标准继续有效、予以修订或者废止,并将此结果通知标准化技术委员会或技术归口单位。对不需要修改的国家标准确认其继续有效,其编号和年代号都不作改变;需作修改的国家标准作为修订项目,列入国家标准制修订计划。

(9)废止阶段

废止阶段(withdrawal stage)是国家标准制定程序中最后一个阶段,是指对需要废止标准发布公告的过程。若由于经济技术的发展使得已经不需要针对标准所涉及的标准化对象制定标准,则使相应的标准进入废止阶段。标准废止信息由国家标准化行政主管部门批准并向社会公布。

2. 国家标准制定的快速程序

国家标准《国家标准制定程序的阶段划分及代码》GB/T 16733-1997 对标准制定的快速程序进行了规定,以缩短标准制定周期,进而适应国家对技术和经济快速发展反应的需要。原国家质量技术监督局于 1998 年发布的《采用快速程序制定国家标准的管理规定》,对国家标准制定的快速程序作了进一步规范。

快速程序(代号:FTP)是在正常标准制定程序(程序类别代号:A)的基础上省略起草阶段(程序类别代号:B)或省略起草阶段和征求意见阶段(程序类别代号:C)的简化程序。国家标准制定的快速程序适用于已有成熟标准草案的项目,特别适用于变化快的技术领域(例如高新技术领域)。

等同采用或修改采用国际标准制定国家标准的项目可采用 B 程序,即直接由立项阶段进入征求意见阶段,省略了起草阶段,将从国际标准转化后的标准草案作为国家标准征求意见稿,分发征求意见;现行国家标准的修订项目可采用 C 程序,即直接由立项阶段进入审查阶段,省略起草阶段和征求意见阶段,在原国家标准的基础上提出相应的成熟标准草案,直接作为标准送审稿进行审查;现行的行业标准、地方标准等转化为国家标准的项目,可采用 B 程序。

（四）标准编写方法

编写标准的方法主要有采用国际标准和自主研制标准两种。采用 ISO、IEC 标准的我国国家标准编写除了遵循《标准化工作导则 第 1 部分：标准的结构和编写》GB/T 1.1 的规定外，还要按照《标准化工作指南 第 2 部分：采用国际标准》GB/T 20000.2 的规定进行编写，我国其他标准采用国际标准时可参考使用《标准化工作指南 第 2 部分：采用国际标准》GB/T 20000.2；自主研制标准按照《标准化工作导则 第 1 部分：标准的结构和编写》GB/T 1.1 的规定进行编写。

1. 采用国际标准

采用国际标准是指我国编写标准时以国际标准为底本，标准的文本结构框架、技术指标等都是以某个国际标准为基础形成的。国际标准综合了当代许多先进科技成果和先进技术水平，采用国际标准有利于国际间的技术合作与交流，可增强我国产品在国际市场的竞争力，促进对外贸易的发展，因此采用国际标准的方法对加速我国标准制定、提高标准水平和促进技术进步具有重大意义。采用国际标准编写我国标准需要采取以下的必要步骤。

（1）准确翻译原文

在采用国际标准编写我国标准时，首先应对原文进行理解、解读，在此基础上准备一份准确的、与原文一致的译文。国际标准中的原文大部分语句较长、定语较多，因此在翻译阶段需要重点把握译文的准确性，在保证原文翻译的准确性的同时，语句表述尽量与中文表述一致，并注重语句的通顺，以便对标准的理解和使用。

（2）结合国情分析研究

有了一份准确的译文，下一步要做的工作就是以此为基础结合我国国情进行分析研究。研究的重点应集中在国际标准对我国的适用性上，例如，国际标准中的指标、规定对我国是否适用，必要时需进行试验验证。

在上述分析研究的基础上，可以确定出以国际标准为基础制定的我国标准与相应国际标准的一致性程度是等同、修改采用国际标准，还是与国际标准保持非等效的一致性程度。

（3）编写我国标准

在上述分析研究，确定了一致性程度的基础上，又有了准确专业的译文，就可以以译文为底本按照《标准化工作导则 第1部分：标准的结构和编写》GB/T 1.1和《标准化工作指南 第2部分：采用国际标准》GB/T 20000.2的规定编写我国标准了。编写完成的我国标准应符合《标准化工作导则 第1部分：标准的结构和编写》GB/T 1.1的规定，采用国际标准的有关内容的编写和标示应符合《标准化工作指南 第2部分：采用国际标准》GB/T 20000.2的规定。

2. 自主研制标准

自主研制标准是指根据我国的科学技术和实践经验的综合成果编制形成的标准。在编写标准之前，需要收集国内外的相关标准和资料。标准编写过程中也需要参考国际标准和资料中的一些指标，但我国标准文本并不是以翻译的国际标准文本为基础形成的。自主研制标准包括以下步骤：

（1）确定合适的标准化对象

自主研制标准首先应确定标准化对象，进而确定标准的名称。在具体编制之前，首先要讨论并进一步明确标准化对象的边界。其次，要确定标准所针对的使用对象。例如《食品安全管理体系 食品链中各类组织的要求》GB/T 22000-2006适用于食品链中各种规模和复杂程度的所有组织，包括直接或间接介入食品链中的一个或多个环节的组织。直接介入的组织包括：饲料生产者、收获者，农作物种植者，辅料生产者、食品生产制造者、零售商，提供清洁和消毒、运输、贮运和分销服务的组织等；间接介入食品链的组织包括：设备、清洁剂、包装材料以及其他食品接触材料的供应商等。《食品安全管理体系 食品链中各类组织的要求》GB/T 22000-2006可为这些组织策划、实施、运行、保持和更新食品安全管理体系提供技术支撑。

（2）确定标准的规范性技术要素

明确标准化对象后，需进一步讨论确定制定标准的目的。根据标准所规定的标准化对象、标准所针对的使用对象等等，研究分析和确定标准中最核心的内容——"规范性技术要素"。而"要求"要素是规范性技术要素中最关键的内容,"要求"要素的编写应遵守"性能原则"和"可证实性原则"。

1)性能原则

性能原则是指"只要可能,要求应由性能特性来表达,而不用设计和描述特性来表达"。其中的性能特性是与产品的使用功能有关的特性,是产品在使用中才能体现出来的特性(如速度、强度、可靠性、安全性等);其中的描述特性是与产品的结构、设计相关的特性(如产品的形状、粗糙度等)。

2)可证实性原则

可证实性原则是指"不论标准的目的如何,标准中应只列入那些能被证实的要求"。标准中的要求型条款都应是能够通过检验得到证实的,可以通过测量、测试和试验的方法,也可以通过观察和判断的手段。此外,标准中不宜列入无法在较短时间内证实的要求。

(3)编写规范的标准文本

标准的规范性技术要素确定后,就可以着手编写标准了。首先应从标准的核心内容——规范性技术要素开始编写,这是因为其他要素的编写往往需要使用规范性技术要素中的内容。编写标准的顺序一般包括:

1)首先应编写规范性技术要素最核心的内容——"要求"。

2)然后根据需要可编写规范性技术要素中的"术语和定义"、"符号、代号和缩略语"。

3)根据需要准备设置规范性附录或资料性附录。

4)根据已经完成的标准的内容,编写标准的规范性一般要素。若规范性技术要素中规范性引用了其他文件,这时需要编写第2章"规范性引用文件",将标准中规范性引用的文件以清单形式列出。

5)规范性要素编写完毕,开始编写除资料性附录外的其他资料性要素。根据需要可以编写"引言",然后编写必备要素"前言"。如果需要,则进一步编写参考文献、索引和目次。最后需要编写必备要素封面。

(五) 标准质量要求

1. 标准质量影响因素

影响标准质量的因素主要有以下几个方面:

(1) 标准制定程序

标准制定的每个阶段均有相应的要求。对于每个阶段要做什么工作、工作的条件、工作的范围、有哪些文件要起草、达到什么样的效果才能继续进行以及与下一个阶段如何衔接等情况都有相应严格规定。

(2) 技术内容的准确性

标准中所有内容的确定一定要有准确的出处:调研、试验、验证、归纳;在采用国际标准时,一定要充分理解原意。标准的制定具有严谨性,其中任何一处错误都可能带来不可估量的损失。

综合反映标准质量的三个要素:

1) 标准的适用性。

2) 标准的合理性。

3) 标准编写的规范性。

2. 标准质量问题产生的原因

标准质量问题的产生主要有以下三种原因:

(1) 对标准的消化、验证、试验工作不到位

部分标准内容存在以下问题:

1) 采用国际标准或国际上的有关文件时,并没有分析这些内容是否适用于我国的现状。

2) 将一些个别试验室做的试验未经过普遍验证就归纳为全国使用的试验方法。

3) 将一些尚不成熟的科研成果或没有进行充分验证的试验结果运用到标准中。

4）在一定范围内行之有效的经验教训没有经过充分验证就要在全国范围内执行等。

（2）标准制定程序不够规范

我国和国际标准化组织对程序有其严格的要求。从立项到每项标准转入下一个阶段运行或退至某一阶段重新运行都有具体规定，人们都要遵守同样的一种要求。但是由于种种原因，这种程序没有得到严格执行，这也在一定程度上影响了标准的质量。

（3）标准化人员的工作有待改进

标委会委员大多是兼职的，有许多委员和标准起草人由于各种原因没有系统学习有关标准化工作的各种文件和要求，使得某些工作不太规范，这也是影响标准质量的原因之一。主要表现在以下几个方面：

1）起草人没有认真分析、消化征求意见中所反馈的信息，未重视反对的意见，甚至未将意见反映在意见汇总中；

2）委员对标准草案未仔细分析和认真审核；

3）参加审查会的专家不了解标准审查会的要求；

4）审查会排斥了提反对意见的人；

5）审查会所邀请的参会人员代表性不够；

6）标准文本等送审材料未会前发给参会人员。

3. 标准编写中常见问题

（1）没有按照标准制修订程序开展标准的制定工作

如在标准的立项阶段、征求意见阶段、审查阶段和报批阶段等出现不同程度的问题。

1）立项阶段经常出现的问题是：对立项标准的必要性、可行性没有进行充分论证，盲目立项；如有相应的国家标准或行业标准，还重复制定地方标准，超出地方标准的立项范围。

2）征求意见阶段经常出现的问题是：征求意见发函对象过少，发函对象不具代表性，不能够将标准涉及的各方面即生产、用户、科研、检验、管理、教学等方面的意见都征求到；有时在听到某一方面的反对意见后便不再征求这方面意见了；征求意见回函中重要反对意见没有体现；征求意见汇总中对未采纳的意见不说明理由或理由不充分，甚至出现对有些反对意见不作任何解释就予以拒绝等。

3）审查阶段经常出现的问题是：审查会代表面不够，缺乏相关利益方代表；审查人员较少，代表性差，全体专家代表加起来不过（5～6）人；强制性标准采用了错误的审查方式：函审；审查中的主要修改意见没有在会议纪要中体现；审查会修改意见没有反映在报批材料中；审查会专家名单签字不全等。

4）报批阶段容易出现的问题是：对审查会或函审作出的修改意见没有严格采纳就报批；起草单位及归口单位对审查会上所确定的技术内容随意更改；上报材料不符合报批要求，内容丢三落四；在标准编制过程中，没有进行相关技术内容的分析和验证，造成标准技术内容不够合理和科学。标准在技术内容合理性方面存在的问题主要有：标准技术指标确定的依据不充分；标准技术内容不完整；标准技术内容的属性不合理等。

（2）制定标准的目的不清晰，标准内容不够协调合理，标准结构不够完整

制定标准时，需关注健康、安全和环保等目的，接口、互换性、兼容性的目的、满足贸易需求的目的、产品适用性的目的等。

标准的协调性主要反映在标准之间的协调。协调性问题主要是：

1）标准与国家相关法律法规之间的不协调。

2）同级标准之间的不协调，如国家标准与国家标准；某行业内部相关行业标准之间的不协调；不同行业之间相关标准的不协调。

3）不同级别标准之间的不协调；如：地方标准、行业标准、国家标准间（向上）的不协调。三者之间应保持层级关系，不应重复、矛盾。

4）相关标准的不协调，如：生产方的要求要与原材料的标准相协调；上道工序的产品要与下道工序的要求相协调；生产中的要求要与管理标准的要求相协调；零配件的标准要与整机的标准相协调；个性标准的内容要符合通用标准的规定。

（3）没有按照相关基础标准的规则编写，造成标准文本的编写不够规范。主要问题体现在以下两个方面：

1）要素编写问题

①资料性概述要素的编写，如：封面上未填写中标分类号和国际标准分类号或填写错误，未填写代替标准信息，标准英文译名不准确；前言上原应纳入

编制说明的内容误放入前言,遗漏应在前言中说明的内容,包含了范围的内容,混淆了代替、废止的概念,内容编排顺序有误,目的、意义等多余内容;引言包含了要求等。

②规范性一般要素常见问题,如:标准名称与内容的不一致,系列标准间不协调,不够清晰、简练;范围包含了要求,与标准中有关的技术内容不匹配等;混淆规范性引用文件的性质、引用方式错误、一览表注日期与否和标准正文不统一、漏引(或多引)了引用标准、引用了过时的、作废的甚至错误的标准、引用文件排序有误等。

③规范性技术要素的编写,如:术语和定义不准确,不规范;从技术要求上看不符合基本原则;规范性附录中重复列出了范围、术语和定义等要素;附录中的图、表编号错误。

④资料性补充要素的编写常见问题,如:资料性附录性质不准确;参考文献、索引的排列顺序有误等。

2)结构的常见问题

①标准结构问题,如:层次混乱,逻辑、条理不清;章条结构不合理,各个章条之间没有相关性,导致要求、试验方法、检验规则相混淆;内容相互重复和交叉等。

②条文的编排与编写常见问题,如:同层次的条有无标题不统一;列项的编写无引导语、列项的层次编号不正确;标准中的助动词使用不规范等。

③图、表、公式、注、数据的常见问题,如:图未编号,或图的分层不规范;表的接排写法不规范,如未写表 X(续);公式采用文字表述;注中有要求;数据表达不规范等。

五、服务业标准化试点

（一）服务业标准体系的建立

1. 服务业标准体系建立的模式

目前，绝大部分试点承担单位标准体系的建立都是按照《服务业组织标准化工作指南》GB/T 24421 系列国家标准完成的，即标准体系分为服务通用基础标准体系、服务保障标准体系和服务提供标准体系三大部分。但是，服务业试点单位在建立标准体系时没有必要完全生搬硬套《服务业组织标准化工作指南》GB/T 24421 的模式，可根据自身业务特点和实际情况建立适合自身应用的标准体系，如可根据主营业务模块的划分来建立标准体系，也可根据组织机构的划分建立标准体系等，主要原因：(1)试点单位是标准体系实施的主体，标准体系的建立应以提升业务效率、提高服务水平、加强内部管理为目的，而试点单位经过多年运营不可能在制度建设方面"一片空白"。因此，体系的建立应更好地结合试点单位原有的流程制度、惯用的管理模式，而非为了建立体系而套用《服务业组织标准化工作指南》GB/T 24421。(2)《服务业组织标准化工作指南》GB/T 24421 系列标准是 2009 年发布实施的，距今已有 8 年多，按照国家标准管理办法，国家标准每 5 年应复审一次，确认是否应继续有效。该系列标准标龄偏长，标准里的部分内容也与现今服务业的发展不相适应，鉴于此试点的建设也不必要严格遵循该系列标准。

无论标准体系的建立采取何种模式，试点单位仍需把握一个原则，即标准体系应与自身的业务和管理相适应，并确保组织的任何一项活动有且仅有一个标准与之相对应。

《服务业组织标准化工作指南》GB/T 24421 系列标准的应用按照《服务业组织标准化工作指南》GB/T 24421 标准的要求，标准体系框架如图 5-1 所示。

试点单位如果按照该模式建立标准体系，各子体系的内容也可根据实际情况进行合并或者删减，如"JC104 数值与数据标准"和"JC105 量和单位标准"两个子体系，绝大部分的服务业组织没有关于这两方面的特殊要求，因此也没有必要在体系建设过程中保留两个子体系，明细表中千篇一律地出现

五、服务业标准化试点

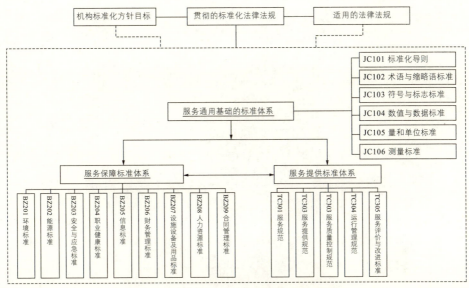

图 5-1 GB/T 24421 规定的标准体系框架

《数值修约规则与极限数值的表示与判定》GB/T 8107、《国际单位制及其应用》GB3100、《有关量、单位和符号的一般原则》GB3101 等试点单位根本用不到的标准。在以往的工作经验中，一般情况下，在服务通用基础标准体系中，"JC102 术语与缩略语"子体系可删减，"JC104 数值与数据标准"和"JC105 量和单位标准"两个子体系可以合并或删减；在服务保障标准体系中，"BZ201 环境标准"和"BZ202 能源标准"可以合并或删减，"BZ204 职业健康标准"可以删减或者与"BZ208 人力资源标准"合并，其他子体系建议保留，但可视情况合并；在服务提供标准体系中，"TG301 服务规范"和"TG302 服务提供规范"可视情况合并，其他子体系建议保留，该体系应是服务业组织标准体系建设最重要的部分。

关于《服务业组织标准化工作指南》GB/T 24421 系列标准规定的各个子体系的范围和内容，建议试点单位参考中国标准出版社出版的《服务业组织标准化工作指南》，该书也是《服务业组织标准化工作指南》GB/T 24421-2009 的国家标准宣贯教材。

标准体系说到底就是组织内标准的分类整合方法。组织建立标准体系的核心，一是企业对内部执行的标准进行全面梳理、废旧立新；二是对所有标准进行合理的分类,按照体系架构科学的整合。综上所述,基本公共服务标准体系框架,如图 5-2 所示。

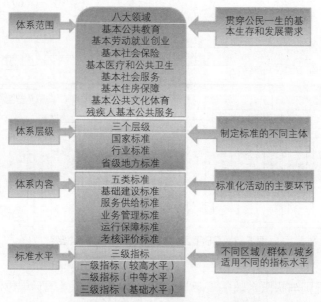

图 5-2　基本公共服务标准体系框架

2. 多体系融合的问题

前文提到,任何一个试点单位在承担项目时都不可能在制度建设方面"一片空白",他们或通过 ISO9000、ISO14000、ISO18000 等体系认证,或通过行业专业认证,如医药领域的 GSP 认证,或通过国外供应商审核认证,即使没有外部认证,试点单位也必然会有自己的各类规章制度,管理办法等。在开展试点过程中,标准体系的建设应尽可能地结合试点单位原有的体系文件和制度文件,并将其纳入到标准体系中来。对于原有的体系文件,可保留原文件的格式和编号,纳入标准体系的过程中可增加一个标准体系编号,即采用双编号的形式,最大限度地减少试点企业的工作量。

对于其他规章制度纳入标准体系的过程,建议试点单位以标准体系建立为契机,系统梳理组织内部原有的各类文件,废除不适用的文件、合并交叉重复的文件、剔除要求不一致的文件、补充编写新增的文件,建立起一套真正符合组织运作的标准体系。

3. 梳理现有文件、制度以及通过认证的管理体系

服务标准体系应实现与现有制度、文件、管理体系的融合、衔接。因此，服务标准体系的建设首先应以现有的经营和管理为基础，结合本服务组织的规模和行业特点，按照《服务业组织标准化工作指南》GB/T24421 的要求，由标准化办公室牵头，各个部门全面梳理前执行的文件、制度以及通过认证的管理体系，摸清工作现状。在充分对本组织标准化工作分析后，编制各部门现行有效的文件目录。

4. 编制服务标准体系表

编制服务标准体系表的过程就是服务标准体系的策划和设计过程，这个过程做得好坏直接影响后续的标准制修订以及体系的未来与发展。一般服务标准体系中的标准少则几十项，多则成百上千项。这些标准按照一定的形式进行排列并形成服务标准体系表，能够让人一目了然了解标准体系的结构形式，明确了正在使用的标准清单以及标准之间相互关系。

（1）编制服务业标准体系表前，服务业组织应充分调查研究与本标准体系有关的经济、科学、技术及管理的发展动态，收集有关领域的现行有效的国家标准、行业标准和地方标准。

（2）服务业组织要认真学习、研究《服务业组织标准化工作指南第 2 部分：标准体系》GB/T24421.2-2009 的内容，明确标准体系表的范围，遵循全面成套、层次恰当、划分明确的原则，最大限度地覆盖服务业组织服务和管理范畴各个环节内容，编制包括服务通用基础标准体系、服务保障标准体系、服务提供标准体系的标准体系结构图。为便于实施，服务业组织还要在现有制度、文件、管理体系优化、整合的基础上，编制标准制修订明细表、统计表及标准体系表编制说明。其中，服务标准体系标准制修订明细表是对标准体系结构的细化和展开，一般以表格的形式列出服务标准体系包含的全部标准清单。在标准制修订明细表中应明确标准纳入、修订或新编的标准状态，并明确落实标准编写、审查人员或机构，并提出进度要求，使之具有可操作性。在服务标准体系表编制说明中，体系表编制说明一般应阐述清楚下列内容：编制体系表的依据及要达到的目的；国内外相关标准概况；与《服务业组织标准化工作指南》GB/T24421 的符合性、差异指出及其理由说明；与其他管理体

系的交叉情况及处理意见等、结合统计数据分析本组织当前标准体系的水平，今后的努力方向和任务等内容。

（3）在服务标准体系中，通用基础标准体系是指在服务业组织内被普遍使用，具有广泛指导意义的规范性文件，这类标准要优先纳入现行有效的国家标准、行业标准和地方标准。服务保障标准体系是指为支持服务有效提供而制定的规范性文件。这类标准主要针对组织的内部管理而言，如环境管理、财务管理、人力资源管理等，应对组织原来的制度文件进行分解、优化、修改完善，并归入到对应的类别。

而服务提供标准体系是指为满足顾客的需要，规范供方与顾客之间直接或间接接触活动过程的规范文件，也是整个服务标准体系的核心。很多服务业组织无法准确理解服务提供标准体系中服务规范、服务提供规范、服务质量控制标准三者之间的关系。其实，服务规范是某项服务应当达到的要求。服务提供规范是为了达到这个要求而采用的工作流程、方法、手段。服务质量控制规范则是评价服务是否达到要求的方法、程序等。如果把服务看作是一项工业产品，对产品的质量要求就相当于服务规范，产品生产的工艺流程就是服务提供标准。而采用何种方法对产品进行检验以确保其符合质量要求则是服务质量控制规范。服务业组织在构建服务提供标准体系的过程中，可以优先采用依据服务类别来进行构建的方法，明确本组织向顾客提供的服务项目，每个服务项目有哪些服务环节，对这个服务项目又是如何评价其是否达到要求。

例如，在某五星级宾馆开展服务标准体系的建设过程中，在对服务项目方面梳理后，确定其主要服务包括前厅服务、客房服务、餐饮服务（中餐和西餐）、会议服务、管家服务、行政会所服务、商务中心服务、服务中心服务、康乐服务、旅行社服务等十大类，因此对这十类服务分别制定了服务规范，并针对服务规范中规定的服务项目配套编写了相应的服务提供规范。如在客房服务规范中，对客房整理、客房维护保养及清洁维护、开夜床、迷你吧、加床、婴儿看护、客衣洗涤、查报退房、客人借物、擦鞋等都有明确的要求，我们就配套制定了详细的服务流程编制计划，如开夜床服务程序、加床服务程序、迷你吧服务程序等。为了检查客房服务是否达到要求，还单独制定了客房服务质量检查管理办法，明确了客房服务质量检查的组织、频次、检查的内容等，从而做到要求、流程和检查相配套，服务环节清晰、明确，服务内容完善，无论什么时间、什么地点、为谁服务、有谁来提供服务，遇到什么情况，服务人员都统一服务行为、统一服务质量，保证了标准的有效实施和质量控制。

（4）服务标准体系表明细表编制完成后，标准化办公室要及时编写《企业标准化管理办法》及《企业标准编号方法》等标准，明确标准化的管理职责以及标准的编号方法，并对明细表中的各项标准进行编号。同时，还要充分对照《服务业标准化试点评估计分表》第二部分的要求，查漏补缺，并广泛征求标准化专业人员和服务、质量、生产、采购、营销等其他有关人员的意见，必要时要组织审查讨论，以便集思广益，把服务标准体系表修改得更为完善。

（二）标准的收集和制定

标准编写阶段服务标准体系框架设计完成后，标准化领导小组应尽快组织各部门标准化专兼职工作人员开展标准的编制起草工作。在标准编写前，建议聘请标准化专家集中培训《标准化工作导则第1部分：标准的结构和编写》GB 1.1-2009、标准制修订明细表的使用、标准样本的编写思路、标准编写的时间进度等内容，使专兼职标准编写人员了解标准的要求、标准编写的方法以及标准编写软件 TCS 的使用。对于通用内容的写法、格式等，建议标准化办公室编制典型的标准样本，统一形成模块供大家使用，如封面、前言等。

在标准编写过程中，起草人要以本组织原有文件、制度、管理体系为依据，了解其实施情况（实施与否，实施效果如何），并在此基础上进行分析、修改完善。对于涉及多个部门的服务、管理事项，标准化领导小组应组织各个部门、工作组进行沟通和分工协作。标准编写适当阶段，标准化办公室要选择较为典型的标准草稿进行组织分析、研讨，统一认识，提高编写水平。标准化办公室要定期监督编写工作进度，及时提出存在问题及整改意见。服务标准体系标准初稿形成后，还应下发各相关部门征求意见并修改完善。

（三）服务标准体系实施

标准实施是标准化工作的重要环节，只有通过实施标准，才能验证标准的适宜性、充分性和有效性，也才能真正体现标准化工作的效果。如果制定了标准却没有实施，所谓标准化试点工作建设也就成了一纸空谈。

1. 召开服务标准体系实施动员会议

在实施阶段，服务业组织应首先召开实施标准的动员会议，发布由最高管理者签发的标准体系试运行批准令、标准体系试运行的通知及工作方案、服务标准体系明细表及相关标准。建议各部门应当编制本部门执行标准的明细表，全体员工应持有本岗位的工作标准。

2. 组织开展服务标准体系培训

在召开服务标准体系动员大会后，组织应分批次对标准进行宣贯培训，培训标准化方针、目标、规划和计划；贯彻实施企业标准体系的要求；标准体系表，包括结构图、体系表、明细表及使用这些文件的方法、标准体系内的各项标准等内容。对于在全组织范围内执行的标准，应由标准化办公室组织全体员工进行宣贯培训。对于部门执行的标准，各部门要制定各自的培训计划，结合日常的学习制度，如班前会、月度会等安排好标准化培训。要求各部门应明确涉及本部门的相关标准内容，每个工作岗位人员都能掌握本岗位的标准要求。各部门的培训工作要做好记录，做到记录清晰、完整。培训完成后，要编写各部门的培训总结，并及时汇总到标准化办公室。

3. 开展标准实施监督检查

标准化办公室和各部门负责人员应加强经常性督查，采取专项督查、顾客调查、舆论监督相结合的办法，及时发现突出问题，认真整改提高，保证服务业组织各岗位的标准能够有效实施。监督内容一般包括：实施现场是否达到实施标准的条件，标准中规定应形成的文件与记录是否齐全、真实；各项服务规范和服务流程是否在服务中达到要求，并有记录；服务保障标准是否进行落实并记录齐全等。各部门对标准实施过程中发现的问题也应及时汇总至标准化办公室，并形成记录，作为实施改进的依据。

（四）标准实施评价

1. 服务标准化试点评估的内容

服务标准化试点评估主要是针对服务于社会、服务于广大民众的服务行业的企业、事业单位、个体等服务业领域。服务标准化范围大、领域十分广阔涉及旅游、金融、交通、商贸、保险、电子商务、物流、家政、工程、教育培训、信息餐饮等众多领域，从广义上讲可以说各个行业都包含有不同程度、不同内容的服务。因此，大力发展好服务业标准化不仅关系到服务领域的规范、健康、有序发展同时也是实现我国转换发展方式调整产业结构实现我国经济水平再次得到大发展、大跃进的重要战略举措。同时发展好现代服务业，提升我国现有服务业水平与国际接轨也是我国实现小康社会、实现现代化国家的必然要求。

目前服务业标准化试点评估还是以企事业单位自愿申请为主，由各省市质监局受理本省市辖区内的企事业单位的服务业标准化试点申请，经审查符合要求后报国家标准委批准试点。试点单位的试点工作自批准试点后应满2年，标准体系运行半年以上方可申请评估，评估依据国标委制定的《服务业标准化试点评估计分表》（试行）对试点单位进行现场考核评估，现场评估由评估组长主持、负责。

现场考核评估程序：

（1）制定试点单位评估方案，该评估方案中要确定总体时间安排、地点、选定有关行业专家、管理人员及评估监督员，确定评估专家组成3~5人，要确定评估的内容、范围、要求等全部评估事项。

（2）按时间进现场开始评估，宣布评估组成员、评估程序及有关事项。

（3）评估组听取试点单位工作汇报。

（4）查阅必备的文件、记录、标准文本等资料。

（5）检查、考核服务现场。

（6）现场随机调查消费者满意程度。

（7）依据评估计分表进行测评打分。

（8）就有关现场评估中所发现的问题与试点评估单位进行沟通确认。

（9）形成考核评估结论。

（10）评估组向试点单位通报评估情况提出改进意见和建议。

（11）试点单位作表态发言。

服务业标准化试点评估工作目的是实现管理规范，服务质量良好，提高顾客满意度，因此评估的方法一般是采取现场考核评估的方法。

2. 现场考核评估的重点环节

（1）考核评估试点单位领导层对标准化、服务化的理解和认识对保证试点单位服务标准化的顺利实施及实施效果具有十分重要的作用。考核评估应针对最高管理层及主要管理岗位负责人对标准、标准化的掌握对服务业标准化试点工作的目标、要求、依据及标准体系的实施情况进行面对面交流，掌握试点单位领导层对试点工作的总体认识实施能力和水平作好记录，并按评估计分表做出相应评价。

（2）核查试点单位进行服务业标准化组织机构的设立情况是试点单位能顺利完成服务标准化试点的根本保证。应考核是否有相应的工作机构决策层，最高领导者是否参与领导和牵头，是否有专职标准化工作人员，是否有试点实施方案、实施计划。

（3）核查试点单位在试点期间的培训情况的好坏、效果直接影响到试点单位服务标准化的正常顺利有效实施，同时对持续、有效改进服务标准体系的有效性、适宜性也将起到积极的推动、提高和促进作用。核查应考核检查全员培训计划、培训教材、培训的时间日期、培训人员名单培训考核情况及记录，有培训证的还应检查培训证件，关键、特殊岗位还应检查培训人员的实际岗位操作情况。

（4）针对不同的服务类型单位，要检查考核服务规范的完整性、全面性及合理性，其服务规范是否涵盖了功能性、舒适性、时间性、经济性、文明性、安全性的全部内容和相关要求，这是做好服务标准化的核心规范性文件，核查这些服务规范提供的途径、部门、人员，核查这些服务规范提供的效果、评价及记录，如：提供燃气、供水、供电等服务单位的功能性就是在利民、便民、保障安全供给的措施、规范上是否齐全执行，是否到位；提供旅游服务的功能性就是游览项目是否齐全、丰富、有特色，说明、介绍、解说是否到位、齐全，细节是否和实际吻合，实施效果如何顾客反映情况等。

（5）核查试点单位标准实施情况，按照《服务业标准化试点实施细则》的要求，要核查试点单位内区域不少于50%的组织，标准的覆盖率要在80%以上，标准的实施率要达到90%，纳入体系表内的所有标准应得到实施，顾客满足度应达到90%以上，要对试点单位内的重点岗位、重点环节、关键部门的实施情况——进行核查，要检查标准的宣贯情况，记录核查的执行情况，记录核查标准实施后的评价与改进情况，记录这些标准的实施情况以及直接影响试点单位服务标准化的实施效果。

（6）核查试点单位关键岗位之间工作的衔接是否完整，是否有缝隙，直接关系到试点单位的服务质量。要核查服务规范中各岗位功能职责是否明确、健全，是否按服务规范的要求执行、实施，如：旅游业在运输环节与接待环节的无缝连接。

（7）在现场考核评估中必须按要求进行现场顾客的满意度调查，这是检验试点单位服务水平、服务能力、服务质量的一项重要指标，按确定的顾客满意度调查方法现场发放调查问卷进行顾客满意度调查。

（8）核查试点单位效益及品牌效应。服务业标准化试点工作的主要目的之一就是要不断增强单位的效益和品牌效应，不断增强试点单位的服务能力及软实力，而试点单位进行服务业标准化试点后其效益及品牌效应是否有明显提升直接影响着服务标准化试点的成效，核查试点单位进行服务业标准化试点以来经济效益的情况，查阅财务年度结算报表，核查创建本地区、国家知名品牌情况文件、报告、记录、证书。

3. 在考核评估中应注意的问题

（1）应注意试点单位标准体系表及标准的完整性及合理性。服务标准体系表是全面贯彻实施好服务标准化最基础的指导性文件，服务标准体系表应按照《服务业组织标准化工作指南 第2部分 标准体系》GB/T 24421.2—2009的总体要求及内容结合本服务领域的特点，将服务通用基础标准体系、服务保障标准体系、服务提供标准体系所涉及本单位所有的标准收集齐全、分类归整，不能把不同类的标准放错位置，进行混淆，如：把服务提供的标准放在了服务保障的标准内；也不能把同类不同用途的标准相互混淆，如：把服务提供规范和服务运行管理规范相互混淆，这将给标准的实施、监督、评价都会造成混乱和部门之间的职责不清。若服务单位标准体系表不合理、标准不完整的话，该单位服务标准化的实施肯定也是不完整的。

（2）应注意部门之间、岗位之间、工序之间的有序、无缝衔接。单位内部部门之间、岗位之间、工序之间的有序、无缝衔接是衡量一个服务单位标准化实施效果、服务水平、服务质量的最好体现，这也是发挥出标准化实质作用、突显全员绩效最好的体现，应核查对各部门、各岗位、各工序标准文件的要求，分工衔接规定核查工作衔接记录。

（3）应注意服务标准体系与其他管理体系的有机融合。目前，试点单位均都进行过 ISO 9001 质量管理体系及其他管理体系的认证，同时自身又有结合其特点的管理体系，因此在考核评估中要注意核查试点单位内各管理体系的有机融合，不能形成两张皮或几张皮的现象。在考核评估中就发现有的试点单位服务标准体系与质量管理体系两张皮的情况，造成部门之间的职责重复标准实施监督打架的情况，要使服务标准体系有机地融入单位其他管理体系当中，使一个管理体系中既有服务标准体系又有其他管理体系的内容，将服务标准体系表及标准同时融入其他标准体系表，这样就不会造成单位内容因为多管理体系之间的管理混乱、职责重复，核查服务标准体系及标准融入其他管理体系标准体系表及部门中的情况，核查标准实施记录。

（4）在考核评估中必须按要求进行现场的顾客满意度测量，顾客现场满意度测量是真实反映试点单位服务质量的重要指标。根据不同服务行业的服务内容，采用现场随机抽样的方法，通过访谈、发放调查表格等方式获得调查结果。问卷的内容可根据不同的服务行业自行设定调查项目，每个调查项目划分好评估满意度等级。

（5）在考核评估中，对于已经经过相关部门考核评估过的试点单位，在服务标准化试点考核评估中应相同的内容参考引荐相关部门有关考核评估的内容、结果、结论。这样可以避免重复考核、重复评比、减少浪费，并可提高考核评估工作效率。

（五）持续改进

标准体系的实施与持续改进在试点项目开展过程中，标准体系的实施与持续改进往往是存在问题最多的方面，很多试点单位认为建立了企业标准体系、完成了标准的编写即意味着完成了试点的创建工作，从而忽视了标准的体系的实施和改进等工作。标准化的工作不是一蹴而就的，是一个按照"P—D—C－A"不断循环的闭环过程，编写的标准得不到实施应用毫无意义和价值。因此，这就要求试点单位实施标准并对标准的实施开展监督检查，从而发现问题、解决问题，达到持续改进的目的。

实施过程中发现的问题源于两方面：一是由于标准体系或标准文本的不合理而产生的问题，这时需要对标准体系或标准文本加以修订；二是由于标准实施不到位而产生的问题，这时需要加强标准的宣贯和培训，强化实施。

对于持续改进，主要有两个方面：一是对单个标准内容的改进，主要针对标准内容与业务工作不一致、不匹配等问题修改标准文本，在试点期内，通过几个月的实施发现问题并加以改正，试点结束后，企业标准每 3 年经过一次复审，确认标准内容或修订标准内容；二是对于标准体系的改进，主要针对企业重大业务调整、组织架构变更等问题，调整标准体系。

（六）品牌创建

1. 实施服务业标准化的重要性

1995年，世界贸易组织（WTO）《服务贸易总协定》明确提出要通过制定服务质量标准，对各行业服务提供者进行资格认证。这一要求使得服务标准成为影响服务贸易的重要因素。对此，国际标准组织（ISO）做出积极响应，在同年5月的第17届国际标准化组织消费者政策委员会（ISO/COPCLCO）年会上对服务标准化进行了专题研讨，并将1996年"世界标准日"的主题确定为"呼唤服务标准"，服务标准化开始进入标准化的国际舞台。ISO提出开展服务标准化工作应主要遵循四个宗旨：第一，制定服务标准时，应更好地体现人文精神；第二，注重保护消费者的合法权益不受侵害；第三，通过制定服务标准，达到提高生活和生命质量的目的；第四，通过制定服务标准，达到提高社会交往效率的目的。

当前，我国大部分地区服务标准化工作仍然处于起步阶段。服务标准化意识不强，服务标准体系不健全，服务标准化工作涉及服务领域还不多，一些服务行业质量管理水平低、整体素质差、竞争力弱，旅游商业服务欺诈行为时有发生，中介服务市场秩序混乱，公共服务存在薄弱环节，这些问题仍大量存在。因此，大力推行服务标准化势在必行。

（1）服务标准化是优质服务得以持续提供的有效保障

服务因其通常带有"现场提供"性质和服务对象多样化，如果没有标准和规范，很难保证服务质量。服务标准化通过将服务提供的各个环节全部纳入标准化管理范畴，解决服务产品中存在的可控性差、盲目发展和随意性大的问题，从而获得稳定的质量。标准的作用就在于把对服务质量的要求量化成为可具体执行的指标、服务技术规范，用于指导服务过程，并用来作为评价服务质量好坏的依据和尺度。标准化运用"统一、简化、协调、优选"的原则，对服务的全过程即业务流程，通过制订标准和实施标准，促进先进的服务技术和经验的迅速推广，从而取得良好的经济效益、社会效益。

（2）服务标准化是获取顾客满意的有效途径

通过服务标准化，将服务的规范、内容，形成规范、固定的文字制度，连同对外承诺公布于众，既是获取顾客理解的有效捷径，是企业诚信的表现方式，又在客观上给了顾客一把衡量服务质量的标准尺度，增加顾客对企业的认知度，据以判断企业的服务是否做到了位，更有利于企业与客户方的协同共处。

2. 以服务业标准化试点打造服务业品牌

随着经济的发展，服务型产品同质化现象日趋显现，市场竞争正从"以产品为核心的竞争"转向"以品牌为核心的竞争"。服务质量是企业追求顾客满意的基础，也是决定品牌竞争力的关键要素。大力推进服务标准化，不断创新服务形式和内容，倡导人性化服务和特色服务，打造优质服务品牌，是服务企业增强市场竞争力和促进服务业转型升级的急切需要。积极实施服务业品牌发展工程，要研究制定推进服务业品牌建设的实施意见和组织协调服务业品牌建设工作，引导和鼓励服务业企业注册和使用自主商标，争创"中国名牌"、"中国驰名商标"，"全国性商业老字号"、"省级名牌"、"省级著名商标"等。

大力推进服务业标准化试点工作，打造优质服务品牌，必须以科学发展观为统领，围绕服务产业发展和市场需求，加速服务标准的研究与制定，初步建立与国际接轨、与国家标准和行业标准相衔接、满足现代服务业发展需要的服务标准体系；加快服务标准的实施进程，形成服务标准推广实施机制；推进服务品牌建设，形成服务品牌培育机制。我们熟知的桂林乐满地是全国旅游标准化试点单位，荣获"国家5A级景区"，"全国十佳乐园"称号，"中国旅游知名品牌"。

拥有"中国十大最受欢迎（五星级）度假酒店"、"全国十大高尔夫球场"、"全国十佳主题乐园"。桂林乐满地旅游开发有限公司取得如此多荣誉，是与公司一直致力于标准化建设、标准化服务、标准化管理有密切关系的，作为标准化试点单位，到目前为止，公司已建立起一整套适用于所属乐满地度假酒店、乐满地主题乐园、乐满地高尔夫球场等实体及各部门的全面的旅游标准化体系。如公司建立了"服务保障标准体系"中包括了环境标准、安全与应急标准、信息标准、设施设备与用品标准、人力资源标准、财务管理规范、合同管理规范、能源标准、职业健康标准，"服务提供标准体系"中包括服务规范、服务提供规范、服务质量控制规范、运行管理规范、服务质量评价与改进标准。桂林乐满地的企业标准多达66册1309条。

3. 如何开展服务业标准化试点工作推动创建品牌

服务业标准化试点工作按照"政府推动，部门联合，企业为主，有序实施"的模式进行。可重点在优先发展的商贸流通、旅游、文化、物流、信息、金融、会展、服务外包、中介服务等服务领域开展服务业标准化试点工作，在取得经验的基础上，向其他领域扩展。

（1）发挥政府的主导作用

构建推进服务标准化的工作机制，各级政府统一领导，相关部门加强协作，分工负责，具体承担推进工作；完善服务标准技术推进体系，进一步完善服务标准化体系框架，确定制定服务标准的计划，广泛吸引行业协会、中介组织、服务企业参与到服务标准的制定和推广实施工作中；建立目标责任制，从地方和部门工作方案与年度工作计划的确定与落实，服务标准的制定、实施与监督，企业服务质量保证体系的建立，服务品牌的培育等方面，定期组织进行检查，表彰先进，追究工作不力单位及其负责人的责任。

（2）发挥行业、企业的主体作用

行业协会团结、动员、督促、帮助服务企业，树立"质量第一"、"服务质量就是生命"的经营理念，提高服务质量和服务标准化意识，在服务品牌企业率先试点，指导和帮助试点企业制定和实施服务标准，建立和完善企业标准体系，以试点示范带动服务标准的推广实施；服务企业积极贯彻实施服务标准，按照《服务业组织标准化工作指南》国家标准的要求，保持与国际惯例接轨，大力开展质量管理体系认证，不断提高服务质量，创建全省、全国知名的服务名牌行业、企业和产品，促进服务业名牌战略的实施。

（3）遵循"标准的制定与行业发展相结合、标准的实施与规范行业行为相结合、标准的实施效果评价与持续改进相结合、试点效果与创建服务品牌相结合"的原则进行。

服务业标准化试点建设核心是"建立一个体系"服务业标准体系：基础是

五、服务业标准化试点

"强化两个意识",标准先行的意识和持续改进的意识;内容是"完善 3 套标准",服务通用基础标准,服务保障标准,服务提供标准;"标准体系"是一定范围内标准按其内在联系形成的科学的有机体。"服务业组织标准体系"是指在服务业组织内部,由服务通用基础标准、服务保障标准、服务提供标准等具有内在联系的标准组成的标准体系。目标是"实现 4 个提升",管理规范化程度显著提升,服务质量水平显著提升,顾客满意度显著提升,服务品牌创建成效显著提升。立足组织实际建立服务标准体系,服务业组织标准化工作的核心是搭建一个符合组织实际运营需要、突出服务功能特色的协调统一、科学合理的标准体系,通过该体系的贯彻实施,获得最佳秩序,并取得最大社会和经济效益。

（七）记录归档

1. 试点单位落实《归档文件整理规则》DA/T 22-2015 的意义

（1）有利于试点单位档案业务建设的开展。过去,由于立卷工作过于繁琐、复杂,工作量大,效率低。《归档文件整理规则》的颁布实施,满足了试点单位简化手工劳动的要求,在保证归档文件整理工作质量的同时,减少了人力占用,缩短了工作时间,提高了工作效率,其方法简便,也更容易被试点单位文档人员理解和掌握,为试点单位档案工作以自身改革来适应新的形势打下了良好的基础。过去立卷工作需要裁边、打孔等操作,直接破坏了档案原貌,其弊端更不待言,《规则》推行以"件"为保管单位,从根本上克服了一些弊端,通过简化归档文件整理工作,对整理和利用之间的矛盾进行了调整,引导试点单位档案人员将注意力更多地投向深化检索体系、丰富检索途径、完善利用服务等。

（2）为档案馆业务建设奠定了基础。便于档案馆控制档案进馆质量,由于试点单位档案室整理工作不合规范或鉴定工作中保管期限划分不准确,移交进馆前就须返工重整。过去立卷条件下,往往一卷中只有一份或几份文件存在上述情况,就不得不拆卷重整,再重新装订。这样不但费事费力,还会给档案本身带来不必要的磨损。以件为保管单位,即使需要再加工,也不存在拆卷问题,直接按件剔除或补充即可。过去强调案卷的整齐美观,档案人员往往组成比较厚的卷,不易复印或缩微,限制了利用方式的多样化,给利用者和档案馆的利用服务人员带来不便。推行文件级整理则可以很好地解决这个问题,为馆藏档案向社会利用铺平了道路。在缓解档案馆库房压力,提高检索的效率以及查全率、查准率,为各级档案馆强化基础建设,更好地完成收集、保管、利用职能服务。

（3）有利于实现档案现代化。为以计算机技术为中心的现代科学技术在档案管理工作中的有效应用铺平道路；促进了试点单位文档一体化管理的实现；为设计合理的电子文件整理方法打下基础。

2. 试点单位文件归档工作中的问题

（1）工作人员不熟悉业务。目前，由于文秘人员业务素质不高，档案管理人员未能全面系统的学习档案知识，难免在文件的形式、格式和文件归档中造成失误。工作人员不了解本单位的职能及业务工作流程，因而很难正确、合理的界定本机单位文件价值，缺少适合本单位特点的文书档案保管期限表，即使有也类目较粗放，操作容易失误。

（2）文件材料不齐全完整。一些单位不注重平时文件的收集，业务材料分散在部门办理人员手中，声像、电子文件材料未列入收集范围，只注重收发文登记过的红头文件的收集，忽略了账外文件的收集，各类统计年报、业务报表等材料收集不全。

（3）文件质量不符合要求。一些单位文件材料质量差，纸张易破损，大小规格不统一，文件的字迹不清，复印不耐久的字迹材料时有出现，如把这些复印件归档，则由于字迹材料的利久性及制成材料自身的差异等原因，就会给归档工作带来许多不便，因此复印件是不适合作为档案进行长期保存的。在归档的文件材料中，有的只有原稿而缺少定稿，有的却只有定稿，在永久卷中有的只有请示，没有批复，文件应归年度不清楚等问题。

（4）文件材料不按期归档。有少数单位的个别人将文件材料据为己有，存在文件材料不归档或不按期归档行为。产生这种现象的原因主要是某些部门某些人为了自己使用方便。

3. 提高试点单位文件归档质量的建议

试点单位文件材料归档是档案工作中的基础性工作，应加强对文件归档整理工作的指导，解决好归档工作中所需的人、财、物等问题，切实做好年度各种文件材料的归档工作。

（1）提高认识，增强做好文件归档工作的自觉性。文件是档案的前身，档案是文件的归宿。文件材料形成过程和归档的质量，直接影响档案的寿命，还关系到档案的鉴定、整理、检索、保管、利用等各环节，也制约档案管理标准化建设的进程。因此，试点单位档案工作的领导要结合文件材料归档工作，认真学习和贯彻档案法规，提高档案法制意识，加强对文件材料归档工作的组织领导，切实解决好归档中文件材料收集难和必要人员、经费等问题，按时保质保量地完成文件归档工作。

（2）健全制度，发挥文书部门的作用。文书工作在环节上要纳入试点单位工作目标化管理，建立一套行之有效的制约手段和措施。明确职责，制定监督制度，层层把关，发现问题及时纠正。要制定相应的考评方案，与业务考评、职称评聘挂钩，奖罚严明，使归档工作共同管理、持之以恒。

（3）稳定队伍，提高工作人员业务素质。要保持文书、档案工作人员的相对稳定，经常性地进行业务培训，明确文件体例格式，切实关心他们的自身利益，努力解决他们的后顾之忧。文书、档案人员要树立正确的人生观、价值观，有良好的职业道德，严格执行档案工作各项规章制度和业务建设规范，围绕"及时、完整、统一"的要求，做好文件材料的收集及管理工作，完善归档内容，制定本单位的文件材料归档范围和保管期限表，了解有关科室文件收集、归档及工作动态规律，争得收集工作的主动权，以便及时将有关科室形成的文件材料归档，统一管理，确保档案种类、内容真实完整。

（4）强化指导，发挥档案行政管理的监督职能。档案行政管理部门的业务监督指导是提高试点单位文件归档质量的有效途径，要加强区域内档案工作监督，档案工作应纳入本地年度政府综合目标管理考核之列，得到当地党委政府的重视与支持，强化宏观监督指导。要全面推行标准化、规范化建设，制定出本地区统一的文件归档标准、检查验收办法及制约措施，并要坚持经常化和制度化。档案教育、培训要根据实际状况，结合工作中普遍存在的具体问题进行，注重理论与实践相结合，缺什么补什么，从提高全员的档案业务理论水平、业务技术能力出发，达到教育培训的目的。

六、标准的宣贯、实施与监督

(一) 标准宣贯

1. 标准的宣贯与培训

(1) 宣贯和培训的组织体系

标准化宣贯和培训的组织体系见表 6-1：

标准化宣贯和培训的组织体系　　　　　　　　表 6-1

序号	组织名称	宣贯和培训职责
1	国家标准化行政主管部门	统一管理全国标准化工作； 管理和指导标准化科技工作及有关的宣贯、教育、培训工作； 直接主导开展综合性、普及性、国际性的标准化宣贯和培训活动
2	国务院有关行政主管部门	分工管理本部门、本行业的标准化宣贯和培训工作； 指导地方有关行政主管部门的标准化宣贯和培训工作； 对标准宣贯和实施情况进行监督检查
3	地方标准化行政主管部门	管理本行政区域的标准化宣贯和培训工作； 落实上级标准化宣贯和培训工作有关规划和计划； 在本行政区域组织开展针对性的标准化宣贯和培训
4	地方有关行政主管部门	分工管理本行政区域内本部门、本行业的标准化宣贯和培训工作； 落实上级标准化宣贯和培训工作有关规划和计划； 在本行政区域组织开展针对性的标准化宣贯和培训
5	各级行业协会和标准化协会	开展包括资质培训、岗位培训、专项培训在内的各类标准化培训和宣贯
6	各级专业标准化技术委员会	在本专业领域内，开展岗位培训、专项培训，开展归口标准的宣贯，以及承担有关国际标准化交流和宣贯培训
7	企业或其他组织	对本企业（组织）人员开展标准化基础知识和法律法规的宣贯和培训，对所贯彻实施的标准进行培训等

(2) 宣贯和培训的内容

1) 标准化意识教育

标准化意识教育的内容包括：标准和标准化的基本概念，标准化的法律法规、标准化对行业、组织和社会的意义和作用等。

标准化意识教育的方式包括：集中培训、报刊、电视、网络、现场宣贯等。

2）标准化岗位培训

标准化岗位培训基本内容包括：标准化基础知识、标准化管理体系、标准化法律法规、标准编写方法、企业标准化、服务标准化和标准信息管理等。

标准化岗位培训大多采取集中培训的方式。培训完成后可进行考试测评，并颁发相应的培训合格证书。

3）专项培训

①标准的宣贯培训

宣贯标准的重要性；

标准条文讲解；

讲解标准实施中应注意的问题。

②其他标准化专题知识培训

介绍学员所在行业的标准化现状及发展趋势；

介绍学员所在行业的标准体系建设情况；

介绍相关重要标准；

讲授标准制修订程序及标准的编写方法；

讲授标准的检索途径和具体的查询方法。

（标准化专题知识培训可采取如下方式：授课式、研讨式、案例研究式。）

（3）宣贯和培训的形式

1）公文和文件形式

例如：

2011年，《关于开展2011年世界标准日宣贯活动的通知》。

2016年，《关于进一步加强安全生产法律法规学习宣贯工作的通知》。

……

2）网络形式

例如：国务院有关行政主管部门开展标准化宣贯的一种重要形式是在政府门户网站上设立标准化专栏。

3）专著、杂志等形式

例如：《农业标准化》、《食品标准化》、《标准生活》。

4）开设专业课方式

例如：2010年教育部批准中国计量学院校开设"标准化工程"本科专业，

2011年面向全国招生。

5）电视媒体形式

例如：2010年，福建松溪电视台记者赴该县现代烟草农业试点村——祖墩乡登山村拍摄标准化田管专题电视宣贯节目。

6）宣贯片形式

例如：国家人力资源和社会保障部于2012年拍摄了《必由之路—社会保险标准化》宣传片。

7）现场宣贯形式

每年，各地标准化主管部门结合每年的世界标准日、质量月、"3.15"活动，向社会进行标准化宣贯。

8）企业开展标准宣贯和培训的形式

主要包括：编印内部简报、公告栏、请标准化专家进行培训、标准化知识竞赛等形式。

（4）宣贯和培训的程序

1）确定宣贯培训需求。

2）设计和策划宣贯培训。

3）实施宣贯培训。

4）评价宣贯培训效果。

2. 标准 PDCA 循环

（1）基本解释

PDCA循环又叫质量环，是管理学中的一个通用模型，是英语单词Plan（计划）、Do（执行）、Check（检查）和Adjust（纠正）的第一个字母。PDCA循环就是按照这样的顺序进行质量管理。

1）P（Plan）计划，包括方针和目标的确定，以及活动规划的制定。

2）D（Do）执行，根据已知的信息，设计具体的方法、方案和计划布局；再根据设计和布局，进行具体运作，实现计划中的内容。

3）C（Check）检查，总结执行计划的结果，

分清哪些对了,哪些错了,明确效果,找出问题。

4)A(Adjust)纠正,对总结检查的结果进行处理,对成功的经验加以肯定,并予以标准化;对于失败的教训也要总结,引起重视。对于没有解决的问题,应提交给下一个PDCA循环中去解决。

以上四个过程不是运行一次就结束,而是周而复始地进行,一个循环完了,解决一些问题,未解决的问题进入下一个循环,这样阶梯式上升的。

PDCA循环是全面质量管理所应遵循的科学程序。全面质量管理活动的全部过程,就是质量计划的制订和组织实现的过程,这个过程就是按照PDCA循环,不停顿地周而复始地运转的。

(2)应用阶段

1)计划阶段。要通过市场调查、用户访问等,摸清用户对产品质量的要求,确定质量政策、质量目标和质量计划等。包括现状调查、分析、确定要因、制定计划。

2)设计和执行阶段。实施上一阶段所规定的内容。根据质量标准进行产品设计、试制、试验及计划执行前的人员培训。

3)检查阶段。主要是在计划执行过程之中或执行之后,检查执行情况,看是否符合计划的预期结果效果。

4)处理阶段。主要是根据检查结果,采取相应的措施。巩固成绩,把成功的经验尽可能纳入标准,进行标准化,遗留问题则转入下一个PDCA循环去解决。

(3)四个阶段八个步骤

第一步,找出问题

分析现状,找出存在的问题,包括产品(服务)质量问题及管理中存在的问题。尽可能用数据说明,并确定需要改进的主要问题。

第二步,分析原因

分析产生问题的各种影响因素,尽可能将这些因素都罗列出来。

请注意:

① 要逐个问题、逐个因素详加分析。

② 切忌主观、笼统、粗枝大叶。

第三步,确定主因找出影响质量的主要因素。

请注意：

① 影响质量的因素往往是多方面的，从大的方面看，可以有操作者（人）、机器设备（机）、原材料（料）、工艺方法或加工方法（法）、环境条件（环）以及检测工具和检测方法（检）等。即使是管理问题，其影响因素也是多方面的，例如管理者、被管理者、管理方法、使用的管理工具、人际关系等。

② 每项大的影响因素中又包含许多小的影响因素。例如从操作者来说，既有不同操作者的区别，又有同一操作者因心理状况、身体状况变化引起的不同原因，还有诸如质量意识，工作能力等多方面的因素。

③ 在这些因素中，要全力找出影响质量的主要的、直接的因素，以便从主要因素入手解决存在的问题。

④ 切忌"眉毛胡子一把抓"、"丢了西瓜捡芝麻"。

⑤ 切忌什么因素都去管，结果管不了而导致改进的失败。

第四步，制定措施

针对影响质量的主要因素制定措施，提出改进计划，并预计其效果。注意：

① 措施和活动计划要具体、明确，切忌空洞、模糊。

② 措施和活动计划具体明确"5W1H"的内容，也就是说，要回答：为什么制定这一措施计划，预计达到什么目标，在哪里执行这一措施计划，由哪个单位或哪个人来执行，何时开始、何时完成，如何执行。

以上四步是P——计划阶段的具体化。

第五步，执行计划

按既定的措施计划实施，也就是D——执行阶段。

请注意：执行中若发现新的问题或情况发生变化（如人员变动），应及时修改措施计划。

第六步，检查效果

根据措施计划的要求，检查、验证实际执行的结果，看是否达到了预期的效果，也就是C——检查阶段。请注意：

① 检查效果要对照措施计划中规定的目标进行。

② 检查效果必须实事求是，不得夸大，也不得缩小，未完全达到目标也没有关系。

第七步，纳入标准

根据检查的结果进行总结，把成功的经验和失败的教训都纳入有关标准、规程、制度之中，巩固已经取得的成绩。注意：

① 这一步是非常重要的，需要下决心，否则质量改进就失去了意义。

② 涉及更改标准、程序、制度时应慎重，必要时还需要进行多次 PDCA 循环加以验证，而且还要按 GB/T 19000—ISO 9000 族标准的规定采取控制措施。

③ 非书面的巩固措施有时也是必要的。

第八步，遗留问题

根据检查的结果提出这一循环尚未解决的问题，分析因质量改进造成的新问题，把它们转到下一次 PDCA 循环的第一步去。

请注意：

① 对遗留问题应进行分析，一方面要充分看到成绩，不要因为遗留问题而打击了对质量改进的积极性，影响了士气；另一方面又不能盲目乐观，对遗留的问题视而不见。

② 质量改进之所以是持续的、不间断的，就在于任何质量改进都可能有遗留问题，进一步改进质量的可能性总是存在的。

第七、八两步是 A——处理阶段的具体化。

说明：四个阶段必须遵循，不能跨越；八个步骤可增可减，视具体情况而定。

（4）运用 PDCA 循环推动标准化管理

PDCA 循环中，计划→执行→检查→总结，科学地反映了一切管理工作必须经过的四个阶段，企业标准化是为制定、贯彻管理标准、工作标准和技术标准进行的，标准筹划→标准制定→标准贯彻→标准评价等一系列活动过程，也是一个不断循环、螺旋上升的过程。PDCA 循环对属于管理过程的企业标准化工作必然具有指导作用，而两者"不断循环、螺旋上升"的共同运行特点，为 PDCA 循环指导企业标准化工作提供了充分的条件。由此可见，运用 PDCA 循环，推动企业标准化，理论上是完全可行的。

运用 PDCA 循环推动企业标准化，必须重点抓好以下两个方面的工作：

1）编制标准化工作程序图

标准化工作程序图是再现企业标准化工作各个环节，按照 PDCA 循环运行的轨迹，是企业开展标准化工作的行动纲领。

2）抓住标准化工作各环节的关键点

每项管理工作的各个环节都有其内在的关键点，标准化工作也不例外。编制标准化体系、制定企业标准、检查考核企业标准的贯彻执行和修订完善企业标准，分别是开展企业标准化工作各个环节中的四个关键点。抓住这些关键点，就能事半功倍。

（二）标准的实施

标准是有价值的产品，因为它凝结了人类的劳动，但是它有没有使用价值取决于它的实施效果。标准有很多种，因此其实施方式也千差万别。

标准的实施是要将标准贯彻到企业生产技术、经营、管理工作中去的过程。标准的实施是整个标准化活动的一个重要环节，是一项有计划、有组织、有措施的活动。

1. 实施标准的基本原则

实施标准的基本原则有以下几个方面：

（1）实施的标准必须符合国家法律、法规的相关规定。

（2）强制性标准和强制性条款必须严格执行。

（3）一经采用的推荐性标准，同样应严格执行。

国家标准、行业标准中的推荐性标准，主要规定的是大量技术要求、产品质量和重要的管理要求，对全国的科研、技术、生产、经营和管理活动具有指导、规范作用。推荐性标准中很大一部分是采用的国际标准，标准的水平是比较高的。推荐性标准，企业是自愿采用的。但是一经采用，纳入企业标准体系就应严格执行。

（4）禁止生产、销售和进口不符合强制性标准的产品。

（5）国家实行团体标准、企业标准自我声明公开和监督制度。

（6）纳入企业标准体系的标准都应严格执行。

凡列入企业标准体系的标准都是为实现特定目标所需要的，是不可缺少的标准，都应该严格执行。

（7）出口产品的技术要求，依照进口国或进口地区的法律、法规、合同约定或技术标准执行。合作双方可以在合同中约定好出口产品的技术要求，企业应严格按合同约定执行。

2. 实施标准程序

实施标准涉及企业生产、经营和管理多个部门以及产品设计、生产和销售等多个工作环节，因此需要各部门协调一致地开展。如图 6-1 所示。

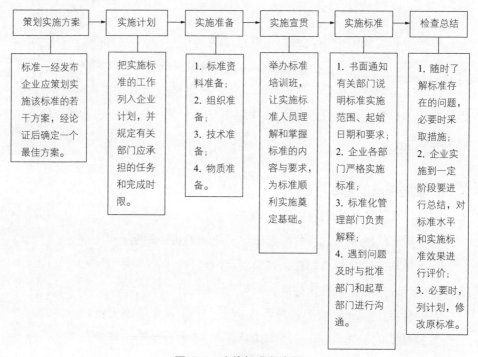

图 6-1　实施标准程序图

虽然不同级别的标准实施的步骤不尽相同，但基本上是围绕以下内容工作的：

（1）策划实施方案

实施标准是企业标准化工作的重要组成部分，前期方案策划工作至关重要，管理部门要结合考虑标准化实施方案中要求，结合企业的实际情况策划实施方案、征求意见、修改完善、批准执行。

（2）实施计划

标准实施计划的内容主要包括：责任部门、标准实施方式、内容、步骤、起止时间及达到的要求等。在制定实施标准计划时，应注意以下几个问题：

1）从总体上设计实施标准计划，并将整体项目分解成若干具体项目和要求,明确相应的责任部门和工作进度要求。

2）系统分析实施标准的各种因素,在此基础上确定标准实施的先后顺序和应采取的对应措施。例如,产品标准的实施可以考虑与新产品开发、生产线技改等工作相结合。

3）制定实施标准计划应包括实施标准所需要的人力、经费等方面的保障条件。

（3）实施准备

为了保证标准的顺利实施,标准实施前应做好相应的准备工作,一般包括:

1）落实计划中标准实施的具体负责人员,对实施标准进行统一组织、管理和安排工作。

2）提供标准的宣传资料,编制新标准的对照表,解决标准体系与其他管理体系之间的技术问题。

3）将标准及与所实施标准有关的文件、标准汇集成册,提供给相关人员。

4）准备实施标准所需要的各种物质,包括实施标准所需的必要资源。

5）对有关的技术按标准要求进行必要的调整,必要时设计新的技术方案。

6）解决实际标准时对企业其他工作的衔接。

（4）实施宣贯

1）举办多种形式的标准宣贯培训,让实施标准的人员理解和掌握标准的内容与要求;

2）组织标准内容的学习,使与标准有关的部门和人员了解标准,掌握标准的难点和重点。特殊情况下应组织标准起草人或熟悉标准内容的人员讲解标准。

（5）标准实施

在标准实施的各项准备工作以及宣贯到位后,应按计划组织标准的实施。标准实施后,各有关单位、人员应严格按标准规定开展工作。对实施过程中遇到的各种问题应采取有效措施加以解决,以保证标准各项要求的贯彻落实。标准实施的过程如下:

1）书面通知有关部门,说明标准实施范围、起始日期和要求。

2）企业各部门需严格实施各项标准,企业标准解释权属于标准化管理部门。

3）在统一领导下,当一切准备工作都落实以后,正式按照标准要求实施标准。

4）检查实施计划是否得到执行，实施准备工作是否已经全部完成。

5）在实施标准的过程中，应认真做好各项记录，并将各环节形成的数据和有关情况及时反馈至标准实施的组织协调部门，以便及时调整和改进标准实施工作，保证标准的实施与其他各项工作如质量管理、安全管理、环境管理等工作相协调。

6）实施国家标准、行业标准、地方标准时，如果发现标准中存在问题或缺陷时，应及时与标准批准发布部门和标准起草部门进行沟通和反馈。

（6）检查总结

1）实施标准过程中发现的问题无法通过指定措施给予解决，必要时要列计划，对原标准进行修改。

2）标准实施负责人要落实畅通标准实施中对产生问题信息的反馈渠道，及时解决实施标准中所产生的问题，必要时采取措施。

3）实施到一定阶段要进行总结，对标准水平和实施标准效果进行评价。

六、标准的宣贯、实施与监督

（三）标准实施监督

实施标准的监督检查是对标准贯彻执行情况进行督促、检查和处理的活动，是确保标准实施的重要措施，标准实施的监督检查，主要包括企业自我监督和上级有关部门对企业的监督检查。通过监督检查，可促进标准的有效执行，并发现标准本身的问题，以采取改进措施。

1. 目的与意义

（1）监督检查的法律依据

1)《标准化法》。

2）各地政府和标准化行政主管部门制定的相关技术法规和管理条例。

（2）监督检查的主要作用

对实施标准进行监督检查是指对标准实施情况与结果进行监督、检查和处理的过程，对于推动标准正确且持久的实施起着重要作用。对标准实施的监督的核心目的是为了保证产品的质量和保护环境。做好监督检查工作可以及时发现和纠正不符合标准的现象，督促有关人员正确执行标准，促进标准的实施，维护相关文件的严肃性。

（3）监督检查的主要工作

1）检查。即按相关规定，用各种方式检查是否执行相关标准的要求。

2）纠正偏差。即对检查出来不符合标准要求的现象进行纠正。

3）处理错误行为。即按法律法规的规定，对标准实施中出现的违规或错误行为采用行政或法律的手段进行处理。

（4）监督检查的范围

监督检查范围包括企业已通知实施的所有标准。凡是企业要实施和废止的标准，都要以书面通知形式，按一定的程序通知到有关职能部门和生产部门，并以此为依据进行监督检查。

（5）监督检查的内容

企业对标准实施进行监督检查内容主要包括：

1）已实施标准的执行情况。

2）企业内技术标准、管理标准和工作标准贯彻执行情况。

3）企业研制的新产品、改进产品，进行技术改造，引进技术和设备，是否符合国家有关标准化法律、法规、规章和有关强制性标准的要求。

2. 一般原则

实施标准并进行监督需要遵循以下原则：

（1）符合有关法律、法规，遵循一定的工作程序。实施标准应遵循一定的工作程序，且必须贯彻实施法律、法规规定以及引用的标准，严格执行其规定要求。

（2）满足实施对象的需要，具有明确的目的性。实施标准的根本目的是为了满足实施对象的某种需要。

（3）紧密结合实施对象中心任务的进展，具有适时性。实施标准要紧紧围绕实施对象的中心任务，将标准实施工作作为中心任务的组成部分融入完成中心任务的过程中。运用实施标准的时间要适时，不宜过早或过迟。

3. 监督检查

对标准实施进行监督检查是指对标准实施情况与结果进行监督、检查和处理的过程。标准实施的监督检查可促使标准的有效执行，发现标准存在的问题，从而制定改进措施，推动标准正确并持久的实施，建立内部监督、自我约束的机制。标准实施的监督检查包括自我监督、政府监督、行业监督以及社会监督。

（1）自我监督

首先，产品和服务提供者自己要对自己的产品和服务有高度负责的责任心，要重在落实。自我监督的内容包括：建立健全标准体系，规范标准贯彻执行；建立完善立体监管模式，提升标准实施力度；工作重心转移。

1）监督检查方式

组织进行综合性的监督检查，必要时可组织专项监督检查；其中有关质量、环境、安全、职业健康等管理体系中的相关标准可通过内部审核的方式进行监督检查；综合性监督检查至少每年进行一次，并记录监督检查情况。

2）监督检查内容

监督检查内容主要包括各项管理工作对已实施的有关标准要求的符合情况，各项管理工作中已发布标准的正式实施比例，环境保护、安全、职业健康标准实施情况以及企业行为是否符合有关标准化法律、法规、强制性标准的要求。

3）监督检查程序

①统一领导、分工负责

采用统一领导与分工负责相结合的方式，由企业标准化管理办公室统一组织、协调，各有关部门或分标委按专业分工对有关标准的实施情况进行监督检查。

②制定监督检查计划

企业标准化管理办公室应在《企业标准化年度工作计划》中，规定"标准实施情况监督检查计划"，确定标准实施检查的项目，对于新发布和采用的标准，原则上在实施两个月后统一安排监督检查。

③制定实施方案

企业标准化管理办公室应根据监督检查计划，在实施监督检查前制定监督检查工作实施方案，包括任务分工，所监督企业标准或外来文件的类别或名称、监督形式、工作进度要求。

④实施检查

各部门应根据监督检查工作实施方案中的分工、进度进行检查，主要检查相关记录与标准要求的符合性，现场工作情况与标准要求的符合性，甄别已发布标准未能正式实施的情况。填写《企业标准（外来文件）实施监督检查记录表》，格式见表6-2。

企业标准（外来文件）实施监督检查记录表 表6-2

被检查部门或岗位名称		被检查部门负责人或岗位员工姓名	
检查人员姓名		检查日期	
检查依据的企业标准（外来文件）			

续表

序号	检查项目和内容	企业标准（外来文件）章节	现场检查记录（如实记录检查情况）	结论（符合或不符合）
1	相关记录与标准（文件）的符合性（记录检查）	标准（文件）名称、代号及章节的具体要求		
		标准（文件）名称、代号及章节的具体要求		
2	现场工作情况与标准（文件）的符合性（现场检查）	标准（文件）名称、代号及章节的具体要求		
		标准（文件）名称、代号及章节的具体要求		

该表填写后可作为档案保存

（2）政府监督

1）政府监督检查目前存在的问题主要有以下几点：标准实施监督与产品质量监督的区分问题；标准实施监督与产品质量监督的协同问题；提高标准实施监督检查的思想重视和资源准备；任务重人员少，影响标准实施监督全面开展。

2）主要项目

①规定项目

A. 产品生产者是否制定企业产品标准，或者采用国家标准或行业标准或地方标准，作为组织生产和贸易交换的依据。

B. 企业制定的产品标准是否在发布后30天内报当地政府标准化行政主管部门备案。

C. 企业是否严格执行强制性标准，对不符合强制性标准的产品，是否禁止生产、销售和进口；企业研制新产品，改进产品，进行技术改造，是否符合标准化要求。

D. 产品或者其包装上是否附有标识，产品是否符合在产品或者其包装上注明采用的产品标准，是否符合以产品说明、实物样品等方式表明的质量状况。

E. 实行生产许可证、安全认证的产品，企业是否按规定申请获证。获证后不符合国家标准、行业标准的，不得使用相应标志出厂销售。

F. 企业生产的产品，是否按产品执行标准检验合格后出厂。

②一般项目

A. 企业是否按规定向市、区主管部门申请执行标准登记，获取相关的产

六、标准的宣贯、实施与监督

品执行标准登记证书。

B. 企业产品执行标准内容是否正确并完整,协调且统一,符合标准化要求,能够作为企业组织生产的依据。

C. 企业在组织生产时,是否能够把产品执行标准认真贯彻到生产、技术活动整个过程中去,且对企业标准实施动态管理,建立、健全企业标准制、修订机制。

D. 企业产品设计、工艺、检验、售后服务等各环节,是否贯彻执行国家、行业基础标准、方法标准、原材料标准和能源标准。

E. 企业是否根据产品执行标准要求,严格检验制度,产品执行标准中所规定的检验项目的受检率应达到 100%。

F. 企业是否积极采用国际标准和国外先进标准,积极采用先进科学技术,并能根据需要,制定严于国家标准,行业标准和地方标准要求的企业内控标准。

G. 企业是否建立和健全与其生产经营相适应的标准化组织体系,明确其职责与权限,开展标准化活动,收集必需的标准化资料。

3)监督检查程序

政府监督检查的工作程序如下:

①明确标准实施监督检查的目的和依据。

②确定实施监督检查的产品标准,下达检查计划。

③组织实施监督检查。

④后处理跟踪工作。

⑤总结。

4)保障措施

政府监督检查的保障措施包括以下几点:不断完善标准实施监督组织体系;不断完善标准实施监督的专业队伍;建立标准实施监督结果评价和公告制度。

5)政府监督的其他形式

政府监督检查的形式还有 3C 认证、生产许可证(QS)审查、产品质量监督抽查以及稽查执法行动等。

(3)行业监督

有关行政主管部门的监督称行业监督。根据《标准化法》第五条规定:"国务院有关行政主管部门分工管理本部门、本行业的标准化工作。"因此,各行业主管部门对本部门、本行业内标准实施情况有进行监督检查的责任。这种监督是行政管理需要的监督。

（4）社会监督

社会监督是一种社会性的群众监督，也可说是第二方或用户和顾客的监督。这类监督由新闻媒介、人民团体、社会组织及产品经销者、消费者和用户对标准实施情况进行监督。

社会监督者很广，例如：社会组织、媒体、消费者、群众等。

社会监督方式也多样，例如：反映、抗议、投诉、举报等。

七、采用国际标准与国外先进标准

（一）国内外参与国际标准化工作的情况

1. 外国企业参与国际标准化工作情况

经济发达国家如美国、德国、英国、法国和日本等大型企业高度重视技术发展，甚至结成企业联盟，热衷于跻身全球的科技前列，积极吸纳来自全球的科技经营和最新的创新成果，同时控制着全球绝大多数的标准化组织，通过标准化组织来控制着最新的科技和标准的制定，进而控制着整个产业。国际标准化活动中，西方发达国家一直占主导地位，国际标准大多由西方发达国家制定，很多著名 ISO 标准源于西方标准。ISO 主席和秘书长职位多由美、德、英、法、日等国担任。TC/SC 主席和秘书处也是西方发达国家担任最多。

优秀企业的高层管理者认为：作为直接面对国际市场的国际化大型公司，不能做国际标准的旁观者，主动出击才是最好的防御，必须要主动参与到国际标准化组织当中去，即使会面临很多困难，也要努力在国际标准中发挥影响力。例如，德国企业设立了标准贡献奖，用于推动更多小微企业参与标准化活动，从而把成功案例推广到更多的企业中去。美国大型企业通过参与国际标准的制定提高了国际市场份额，例如，美国高通公司作为全球领先无线电通信技术研发公司，其国际化发展成就突出。2011 年，美国高通公司通过大量申请国际专利，先期奠定其在 CDMA 标准中的主导者地位。此后，凭借专利许可授权模式，有力推动了 CDMA 标准在全球范围内的推广，并最终成为全球著名的高科技跨国公司。日本通过积极打造企业联盟为媒介来颁布国际标准，抢占国际市场。以日本钢铁联盟为例，2015 年将颁布用于计算钢铁厂排放的二氧化碳总量及单位产量二氧化碳排放量（能耗率）的国际标准，该项目将主导日本以节能为目的的国际技术合作。

2. 我国企业参与国际标准化工作情况

目前，我国主导制定并发布的国际标准占 ISO 和 IEC 发布标准共有 182 项，与全世界国际标准数量相比，占比尚不足 0.7%，与发达国家相比差距显著。

七、采用国际标准与国外先进标准

在这样的情况下,国家标准委指出,一项标准被纳入国际标准,不仅可带来较大的经济效益,还能决定一个行业的兴衰,鼓励更多的企业将先进的技术转化为国际标准,这是我国提升国际竞争力的必然要求。同时,国家发改委提供企业转型扶持资金,鼓励制定国际标准,帮助企业攻克技术贸易壁垒进而打入国际市场。

央企、国企率先参与到国际标准化工作,为争取在国际上相关标准化领域获得更大的话语权起到了很好的促进作用。大型企事业单位重视参与国际标准制定是企业创新发展的新模式,有利于我国从制造大国向创新大国迈进。例如,中联重科建设机械研究院以"标准成就国际化一流企业"的管理思想,将国家、行业标准的制修订工作列入年度科研计划中,并以年近3亿元的科研资金用于保障相关项目的实施,取得了制定并发布国家、行业标准共计185项的丰硕成果。2008年,该大型企业以1300多项的自主知识产权成果、年销售140亿元的规模,晋升为流动式起重机与塔式起重机国际标准投票正式成员身份,彻底打破了以往西方发达国家在话语权上的垄断地位。又如,现有50%以上的物联网国际标准,是由无锡的大型企业参与制定,可以说,无锡技术站在了世界的最前沿。中小微企业高速发展,渐成我国主导制定国际标准的"新力军"。

中小微企业参与争夺国际标准"话语权",有助于拉动产业转型升级,推动行业高速发展,也将吸引更多中小微企业投入到标准的制定中。2015年1月,中国首个小微企业吴月公司主导制定的高吸收性树脂材料国际标准在国际标准化组织塑料技术委员会(ISO/T C61)年会上获得立项批准,首次打破了德国、日本等行业巨头仅以吸水作为测试标准的垄断,为我国中小企业的科技创新之路提供了模板。

(二) 采用国际标准的概念

1. 国际标准（international standards）

《标准化工作指南 第1部分：标准化和相关活动的通用术语》GB/T 20000.1 对"国际标准"的定义："由国际标准化组织或国际标准组织通过并公开发布的标准。"国际标准分为 ISO、IEC、ITU 的标准和 ISO（WSSN）公布的其他国际组织的标准。其他国际标准包括国际计量局（BIPM）、食品法典委员会（CAC）、国际原子能机构（IAEA）、国际海事组织（IMO）、联合国教科文组织（UNESCO）、世界卫生组织（WHO）等。

2. 采用国际标准

采用国际标准简称"采标"。根据我国《采用国际标准管理办法》中的定义：采用国际标准是指将国际标准的内容，经过分析，试验验证，等同或修改转化为国家标准、行业标准、地方标准和企业标准，并按我国标准审批发布和程序审批发布。

采用国际标准包含了以下几个要点：

（1）只有等同采用和修改采用国际标准，才属于采用国际标准。

（2）采标工作中，应根据中国国情及科学技术、生产工艺水平等相关条件的发展情况，对国际标准内容进行分析研究和试验验证，以确定国际标准的适用性及用什么方法采用，而不能照抄照搬。

（3）采标是将国际标准转化为中国标准，可以转化为国家标准或行业标准，也可以转化为地方标准或企业标准。

（4）采标的中国标准，应按中国规定的标准制定程序，包括审批发布程序，开展标准的制修订工作。

3. 采用（adoption）和应用（application）

（1）采用

由于我国标准管理体制和语言习惯与国际上的一些国家有所不同，国家规范性文件与签署认可具有同等地位的国际标准这种采用国际标准的方法对我国不适用，因此，我国未采纳这种方法。

"国家标准对国际标准以相应国际标准为基础编制，并标明了与其之间差异的国家规范性文件的发布。"[《标准化工作指南 第2部分：采用国际标准》GB/T 20000.2-2009 的3.2，改写自《标准化工作指南 第1部分：标准化和相关活动的通用词汇》GB/T 20000.1-2002 的2.10.1]

《标准化工作指南 第1部分：标准化和相关活动的通用词汇》GB/T 20000.1-2002 采用国际标准 taking over an international standard（in a national normative document）以标明与相应国际标准之间差异的方式，发布一个以该国际标准为基础的国家规范性文件或签署认可该国际标准与国家规范性文件具有同等地位。

（2）应用

"规范性文件的应用 规范性文件在生产、贸易等方面的使用。"[《标准化工作指南 第1部分：标准化和相关活动的通用词汇》GB/T 20000.1-2002 的2.10.2]

标准的间接应用 [《标准化工作指南 第1部分：标准化和相关活动的通用词汇》GB/T 20000.1-2002 的2.10.2.2]

通过另一个采用了某标准的规范性文件作为媒介而对该标准的应用。

标准的直接应用 [《标准化工作指南 第1部分：标准化和相关活动的通用词汇》GB/T 20000.1-2002 的2.10.2.1]

不管某标准是否被其他规范性文件采用而对该标准的应用。

（3）采用与应用的区别

"采用"的概念指标准间文本的转化关系。标准的"应用"指标准在生产、贸易等方面的使用。各国产业界在很多情况下，并不将国际标准转化成他们的协会标准或公司标准，而是直接按国际标准组织生产或提供服务，没有文本转化的过程，是对国际标准的直接应用。

4. 编辑性修改

在不变更标准技术内容的条件下允许的修改。

5. 标准的结构

章、条、段、表、图和附录等的排列顺序。

6. 技术性差异

在标准技术内容上的不同。

（三）采用国际标准的意义

采用国际标准是我国一项重要的技术经济政策，也是我国国民经济发展的重要技术基础工作。随着全球经济一体化和国际贸易的迅速发展，国际标准在贸易中的地位不断提升。面对国际市场的激烈竞争，企业要想进入国际市场，参与国际竞争，必须积极采用国际标准和国外先进标准。采用国际标准和国外先进标准的意义主要包括以下三个方面：

（1）有利于促进技术进步，提高经济效益

采用国际标准是我国实施质量振兴战略的重要基础工作。目前，我国与世界发达国家在科学技术水平上存在着一定的差距。国际标准和国外先进标准在国际范围代表了一定的技术先进性，采用国际标准和国外先进标准能够促进我国与世界各国的交流，通过采用国外先进标准和国际标准可以引进国际上的先进技术，从而可促进我国技术进步和经济效益的提高。

（2）有利用于保护国家贸易利益

采用国际标准有利于促进我国与世界各国的技术交流，加深与其他国家的相互了解，也有利于打破国外技术性贸易壁垒，推动国际贸易健康发展。国际标准是世界贸易组织（WTO）认可的、能够作为国际贸易谈判和协调依据的标准，也是国际贸易共同遵守的准则。采用国际标准能够协调国际贸易中有关各方的要求，减少和避免与贸易各方的贸易争端，从而促使我国的产品或服务冲破贸易壁垒打入和占领国际市场。采用国际标准还可以与相应的区域或国家形成标准上的互认，从而促进在区域内或相关国家间的贸易往来。

（3）有利于提高企业标准水平，扩大市场占有率

对企业而言，产品能不能占领市场，最主要的因素取决于质量。标准是评判质量的依据，国际贸易中商品质量是通过技术标准来衡量的。采用什么样的标准，标准水平如何，是贸易成败的重要影响因素。为了扩大对外贸易，参与国际市场竞争，通过采用国际标准和国外先进标准，制定出能够适应国

际市场需要的企业产品标准,才能提高我国出口产品的质量,才能扩大我国产品在国际市场的占有率。从企业自身发展的角度看,采用国际标准有利于企业产品升级和拓展国外市场。

七、采用国际标准与国外先进标准

（四）采用国际标准的基本原则

1. 采标的基本原则

采标应遵循以下基本原则：

（1）采用国际标准，应当符合我国有关法律法规，遵循国际惯例，做到技术先进、经济合理、安全可靠三个原则。

（2）制定或修订我国标准应当以相应国际标准也包括即将制定完成的国际标准为基础；对于国际标准中通用的基础性标准、试验方法标准应当优先采用。

（3）采用国际标准中的安全、卫生、环保标准制定我国标准，应当以保障国家安全、防止欺骗、保护人体健康和人身财产安全、保护动植物的生命健康、保护环境为正当目标；除非这些国际标准由于地理因素、气候或者基本的技术问题等原因而对我国无效或不适用。

（4）应当尽可能等同采用国际标准。由于气候、地理因素或者基本的技术问题等原因修改采用国际标准时，应当将与国际标准的差异控制在合理的、必要的并且是最小的范围之内。

（5）我国的一项标准应当尽可能采用一项国际标准，当我国一项标准必须采用几项国际标准时，应当说明该标准与所采用的国际标准的对应关系；采用国际标准制定我国标准，应尽可能与相应国际标准的制定同步，并可以采用标准制定的快速程序。

（6）采用国际标准，应当同我国的技术引进、企业的技术改造、新产品开发、老产品改进相结合。

（7）我国采标标准的制定、审批、编号、发布、出版、组织实施和监督，与我国其他标准一样，按我国有关法律、法规和规章规定执行。

（8）企业为了提高产品质量和技术水平，提高产品在国际市场上的竞争力，对于贸易需要的产品标准，如果没有对应的国际标准或者国际标准不适用时，可以采用国外先进标准。

(9)采标应当尽可能与相应国际标准的制定工作同步,并可以采用标准制定的快速程序。

2. 采标时需要重点考虑的因素

(1)所采用的国际标准应能够实现我国的正当保护目标。

(2)我国的基本气候、地理等自然条件、文化条件和基本技术条件。

（五）一致性程度及其表示方法

1. 我国标准与国际标准的一致性程度

与国际标准的一致性程度是反映我国标准与对应国际标准之间差异大小的指标，我国标准与国际标准的一致性程度分为三种：等同（IDT）、非等效（NEQ）和修改（MOD）。注：在《标准化工作指南第2部分：采用国际标准》GB/T 20000.2-2009 发布之前，我国标准采用国际标准的程度也是三种：等同（idt）、等效（eqv）和非等效（neq）。

（1）"等同"的含义

"等同"程度分如下两种情况：

1）中国标准与国际标准在技术内容和文本结构方面完全相同。

2）中国标准与国际标准在技术内容上相同，但可以包含小的编辑性修改。

这两种情况的任何一种都属于"等同"程度。为了适应中国的语言习惯，在采标时，不可避免地要进行一些编辑性修改，所以，中国标准等同采用国际标准通常属于2）的情况。

反之亦然原则：等同采用国际标准的我国标准还表示国际标准可以接受的内容，我国标准也可以接受；反之，我国标准可以接受的内容，国际标准也可以接受。或者说，符合我国标准就意味着符合国际标准，符合国际标准也意味着符合我国标准。

技术内容相同是指采标时将国际标准的所有技术内容不加修改地保留下来。

文本结构相同是指我国标准的章、条、段、表、图和附录的排列顺序和编号与国际标准相同。

最小限度的编辑性修改包括：

用小数点符号"."，代替小数点符号","。

在国际标准中表示小数使用小数点符号","，而在中国则使用小数点符号"."。小数点符号"."为中国法定的数学符号。

对印刷错误的改正或页码变化。

印刷错误指由于出版印刷过程中引起的错误，例如：拼写错误、章节顺序号的颠倒等。页码变化可能是由于各国标准的版式与国际标准有不同，还可能由于中国标准增加了资料性内容或由于采用翻译法的中国标准引起了文字所占页面多少的变化，从而导致页码的变化。

从多语种发布的国际标准的版本中删除其中一种或几种语言文本。

一些国际标准是以多语种发布的。例如一个国际标准在一个文本中以英文、法文和俄文三种语言文字发布。而作为中国标准只能以一种语言文字为准，例如英文，则可能删除法文和俄文。

为了与现有的系列标准一致而改变标准名称。

采标的中国标准如需纳入中国标准体系中已有的某一系列标准，或具有多个部分的某一标准中，而这一系列标准或具有多个部分的这一标准的名称的引导要素或主体要素可能与对应的国际标准的名称不同，为了与已有标准的名称一致，则需按已有标准的名称改变国际标准的名称。

用"本标准"代替"本国际标准"。

国际标准中内容的表达在提及自身时往往用"本国际标准"表述，而采标的中国标准叙述的角度转化为以中国标准自身出发，在提及自身时，则需要改用"本标准"表述，当作为标准的部分发布时，则需要改用如"GB/T×××××的本部分"或"本部分"表述。

增加资料性内容。

典型的资料性内容包括：对标准使用者的建议、培训指南、推荐的表格或报告等。这些资料性内容可以资料性附录或注等形式给出。需特别注意的是，这样的附录或注不应变更、增加或删除国际标准的规定，否则会使中国标准与国际标准产生技术性差异。

删除国际标准中资料性概述要素。

这种情况在采标时较多见。资料性概述要素包括封面、目次、前言和引言。在中国标准中，为了符合本国标准惯例，往往删除国际标准中原有的资料性概述要素。如封面，由于各国标准的封面都另有规定，除采用认可法以外，均需改用本国封面式样。前言也需要重新编写，可能会增加编辑性修改内容。所以删除国际标准中原有的资料性概述要素是常见的做法。

七、采用国际标准与国外先进标准

增加单位换算的内容。

中国标准中应采用中国法定的计量单位。如果使用与国际标准不同的计量单位制,则需在中国标准中增加单位换算的内容,例如增加一个有关单位换算的资料性附录。

(2)"非等效"的含义

我国标准与对应国际标准的一致性程度是"非等效"时,表明我国标准与对应国际标准在技术内容和文本结构上不同,同时它们之间的差异也没有被清楚地标示。"非等效"还包括在国家标准中只保留了不重要或少量的国际标准条文的情况。

"非等效"程度不属于采用国际标准。

1)一致性程度的表示方法

一致性程度标识是直观表现我国标准与国际标准关系的标识,它有利于标准使用者迅速掌握、查询我国标准与国际标准相互关系的详细信息。

①与国际标准一致性程度的含义及其代号见表7-1。

与国际标准一致性程度及其代号　　　　表7-1

一致性程度	含义	代号
等同 (identical)	中国标准与国际标准在技术内容和文本结构上完全相同;或者中国标准与国际标准在技术内容上相同,但可以包含GB/T 20000.2-2009的4.2条中规定的编辑性修改。"反之亦然原则"适用	IDT
修改 (modified)	允许中国标准与国际标准存在技术性差异,同时对技术性差异清楚地标明并给出解释;中国标准在结构上与相应的国际标准相同,只有在不影响对2个标准的内容及结构进行比较的情况下,允许对文本结构进行修改;还可包括"等同"条件下的编辑性修改。"反之亦然原则"不适用	MOD
非等效 (not equivalent)	中国标准与相应国际标准在技术内容和文本结构上不同,它们之间的差异也没有被清楚地标明,这种一致性程度不属于采用国际标准	NEQ

②一致性程度的标识

一致性程度标识由"对应的国际标准编号、逗号和一致性程度代号"组成,并括在圆括号内,例如:"质量管理体系 基础和术语 GB/T 19000-2008"与"ISO 9000:2005 Quality management systems—Fundamentals and vocabulary"的一致性程度为"等同",标识时应在国家标准的名称后面标明"(ISO 9000:2005,IDT)"。

若采用国际标准时,我国标准与对应的国际标准的名称不一致,则在一致性程度标识中,国际标准编号和一致性程度代号之间应增加国际标准的英文名称,即由"对应的国际标准编号、国际标准英文名称、逗号和一致性程度代号"组成,并括在圆括号内。

例如:"标准化工作指南 第6部分:标准化良好行为规范 GB/T 20000.6-2006"与"ISO/IEC Guide 59:1994 Code of good practice for standardization"的一致性程度为"修改",且标准的名称不一致,在标识时应在国家标准的名称后面标明"(ISO/IEC Guide 59:1994,Code of good practice for standardization,MOD)"。

③一致性程度标识的使用

一致性程度标识主要用于标准的封面、我国标准中所列的标准目录、文件清单以及其他媒介。需要注意的是,增加国际标准英文名称的标识方法只在标准的封面上使用。

(3)"修改"的含义

"修改"程度的含义是:中国标准与国际标准之间允许存在技术性差异,这些差异应清楚地标明并给出解释。中国标准在结构上与国际标准相同,只有在不影响对中国标准和国际标准的内容及结构进行比较的情况下,才允许对文本结构进行修改。在修改采用国际标准的条件下,我国标准与国际标准结构相同,或有结构调整但同时有清楚的比较。对于结构调整较多的情况,最好编排一个附录,列出与国际标准的章条差异对照表。结构的调整需要慎重,如果不调整结构能解决问题,则尽量不调整结构,结构的调整容易造成我国标准与对应国际标准难以对比。

"修改"程度的中国标准与对应国际标准之间存在技术性差异,符合中国标准不表明符合对应的国际标准。即"反之亦然原则"不适用。

修改采用国际标准的几种情况如下:

中国标准的内容少于相应的国际标准。

例如,中国标准不如国际标准的要求严格,仅采用国际标准中供选用的部分内容。

中国标准的内容多于相应的国际标准。

例如,中国标准比国际标准的要求更加严格,增加了内容或种类,包括附加试验。

中国标准更改了国际标准的一部分内容。

中国标准与国际标准的部分内容相同，还有些部分的要求不同。

中国标准增加了另一种供选择的方案。

中国标准中增加了一个与相应的国际标准条款同等地位的条款，作为对该国际标准条款的另一种选择。

另外还有一种情况，中国标准可能包括相应国际标准的全部内容，还包括不属于该国际标准的一部分附加技术内容。在这种情况下，即使没有对所包含的国际标准做任何修改，其一致性程度也只能是"修改"或"非等效"。至于是"修改"还是"非等效"，取决于技术性差异是否被清楚地指明和解释。

（六）采用国际标准的方法

等同采用国际标准时，应使用翻译法；修改采用国际标准时，应使用重新起草法。

1. 翻译法

翻译法是指将对应的国际标准翻译成为我国标准，即我国标准基本上就是对应国际标准的译文。在翻译时可做最小限度的编辑性修改，可删除国际标准中的资料性概述要素，如封面、目次、前言和引言等。

使用翻译法采用国际标准时，我国标准中相应要素所作的调整大致如下：

（1）封面：按照《标准化工作导则 第1部分：标准的结构和编写》GB/T 1.1和《标准化工作指南 第2部分：采用国际标准》GB/T 20000.2 的有关规定。

（2）目次：目次中的页码按国家标准重新编排。

（3）前言：由于国际标准的前言没有什么的参考价值，故采标时应予删除。

（4）引言：采用国际标准时，对于国际标准的引言，应根据具体情况进行处理，通常是将其中适用的内容转化为我国标准的引言，也可将其直接删除。

（5）附录：采用国际标准时，我国标准如果需要增加资料性附录，应将这些附录置于对应国际标准的附录之后，并按条文中提及这些新增的附录的先后次序编排附录的顺序。每个附录的编号由"附录 N"（N 即英文 National 的首字母）和随后表明顺序的大写拉丁字母组成，字母从"A"开始，例如："附录 NA"、"附录 NB"等。这是各国采用国际标准时的通用做法，这样可以使新增加的资料性附录不至于打破对应国际标准的文本结构。

2. 重新起草法

重新起草法是指在对应国际标准的基础上重新编写我国标准。在修改采用国际标准时，适用重新起草法。与国际标准的一致性程度为非等效的我国标准也适用重新起草法。

此外，还有两种采标方法：签署认可法和重新印刷法，但语言文字关系，这两种方法对我国不适用。

3. 编辑性修改和技术性差异的标识

我国标准与国际标准的一致性程度为"等同"时，如果有编辑性修改，应清楚地标识这些编辑性修改。

我国标准与国际标准的一致性程度为"非等效"时，可以不标识技术性差异和编辑性修改，但鼓励标准编写人员在我国标准前言中说明与国际标准的主要技术差异。

我国标准与国际标准的一致性程度为"修改"时，应清楚地标识技术性差异和编辑性修改，并说明产生技术性差异的原因。

（1）编辑性修改的标识方法

当等同采用国际标准时，如果对国际标准做了编辑性修改，则在我国标准的前言中陈述九种最小限度的编辑性修改的其中四种，即：

纳入国际标准修正案或技术勘误中的内容；

增加资料性要素；

改变标准名称；

增加单位换算的内容。

被我国标准采用的国际标准有修正案和技术勘误，则应将这些修正案和技术勘误的内容直接纳入我国标准的正文中，并在经改动过的条文的外侧页边空白位置用垂直双线（‖）标识。同时，应在我国标准的前言中作简要陈述。

对于修改采用国际标准的我国标准，如果有编辑性修改，则在我国标准的前言中除了陈述上述等同条件下所列的四种最小限度的编辑性修改以外，还应陈述其他的编辑性修改，如删除或修改国际标准的资料性附录。

（2）技术性差异的标识方法

建议技术性差异的陈述以"增加""修改"或"删除"为引导。

当技术性差异很少时，最好在我国标准前言中直接说明。

当技术性差异较多时，应在文中这些差异涉及的条文的外侧页边空白位置用垂直单线（|）进行标识。

具体标识方法为：

修改了条文的内容，或者增加了一条或一段，在涉及的条或段的外侧页边空白位置标出垂直单线（|）；

增加了一章或一个附录，或者删除了国际标准中的章或附录中内容，仅在相应的章或附录标题的外侧页边空白位置标出垂直单线（|）。

如果技术性差异的内容较多，原因复杂，则最好编排一个资料性附录，将条文中用垂直单线（|）标识的技术性差异归纳在一起，用表格的形式列出差异之处其产生的原因。同时，在我国标准的前言中说明条文中垂直单线（|），并明确在哪一个资料附录中给出了技术性差异及其产生的原因。

4. 对于国际标准中引用的其他国际文件的处理

（1）与国际标准的一致性程度为"等同"的情况

我国标准采用国际标准时，对于国际标准规范性引用的国际文件，在我国标准中需要进行如下处理：

1）国际标准注日期引用的国际文件，如果已被国家标准、国家标准化指导性技术文件、行业标准等同采用（包含 IDT、idt），则用我国文件代替国际文件。与国际文件对应关系不是"等同"的我国文件不能用于代替引用的国际文件，因为这些文件与对应的国际文件存在着技术性差异或没有对应关系。

2）国际标准不注日期引用的国际文件应全部保留。在这种情况下，无论是否有对应的我国文件，都不应用我国文件代替。

如果在"规范性引用文件"一章中列出代替国际文件的我国文件，应在我国文件名称后用括号标出与对应国际文件的一致性程度标识。

为了提供参考，凡是保留引用国际文件，如果存在与其有一致性对应关系的我国文件，应在前言中陈述编辑性修改的位置之前列出这些文件，同时在我国文件名称后用括号标出一致性程度标识；如果保留引用了国际文件的所有部分，仅列出我国文件的代号、顺序号，不标出一致性程序代号。

如果需要列出的我国文件较多，宜编排一个资料性附录来列出这些文件，并在前言中说明以附录形式列出。

3）国际标准注日期引用的国际文件，如果没有等同采用的我国文件，则应保留引用国际文件。

（2）与国际标准的一致性程度为"非等效"的情况

我国标准与国际标准的一致性程度为非等效时，对于国际标准规范性引用的国际文件，在我国标准中作如下处理：

1）凡是有适用的我国文件，应使用我国文件代替国际文件；凡是没有适用的我国文件，如果国际文件适用，可保留引用国际文件。

2）如果在"规范性引用文件"一章中列出我国文件，对于其中与国际文件有一致性对应关系的我国文件，在标识一致性程度时，可选择：

不标识一致性程度；

仅标识对应的国际文件的代号和顺序号，例如："（IEC 60085）"；

按修改采用所规定的方法标识与国际文件的一致性程度。

（3）与国际标准的一致性程度为"修改"的情况

我国标准修改采用国际标准时，对于国际标准规范性引用的国际文件，在我国标准中需要进行如下处理：

1）凡是有适用的我国文件，应使用我国文件代替国际文件；没有适用的我国文件，如果国际文件适用，则保留引用国际文件。

2）如果在"规范性引用文件"一章中列出我国文件，对于其中与国际文件有一致性对应关系的，应在我国文件名称后用括号标出一致性程度标识。

5. 等同采用国际标准的我国国家标准的编号方法

等同采用 ISO 标准或 IEC 标准的国家标准编号方法已被欧美各国普遍采用，例如："BS ISO 15911：2000""DIN ISO 7919-3：2008"。我国国家标准已采用了这种编号方法，但我国采用的是同时反映国家标准编号和国际标准编号的"双编号方法"，与欧美编号方法存在区别。

（1）我国国家标准双编号的组成

等同采用国际标准的我国国家标准的编号由两个部分组成，即我国国家标准的编号和国际标准的编号。将两种编号排为一行，两者之间用一斜杠（/）分开。

例如：GB/T×××××-2003 / ISO 13616：1997

（2）双编号的使用

在我国国家标准中使用双编号必须同时满足两个条件：

1）国家标准与国际标准的一致性程度应是"等同",而不是"修改"或"非等效"。

2）国家标准采用的国际标准应是 ISO 标准和（或）IEC 标准，而不是 ISO 确认的其他国际标准化机构发布的标准。

只有同时满足这两个条件，才能在我国国家标准中使用双编号。

双编号方法在我国国家标准中仅用于封面、书眉、封底和版权页上，但还可以用在标准目录、年报、学术期刊、书籍、网页等其他媒体上。

(七)企业采用国际标准和国外先进标准

1. 我国对企业采标的政策措施

2001年11月21日,国家质检总局发布实施《采用国际标准管理办法》,明确了采用国际标准的原则、编写方法以及促进采用国际标准的有关措施。

2002年7月23日,国家质检总局、国家标准委等七部委联合发布了《关于推进采用国际标准的若干意见》(国质检标联〔2002〕209号),强调采用国际标准和国外先进标准是我国的一项重大技术经济政策,是促进技术进步、提高产品质量、扩大对外开放、加快与国际惯例接轨的重要措施。

国家标准委提出"政府推动,市场引导,企业为主,分类指导,国际接轨"的工作方针。

2. 企业产品标准采标的基本程序

(1)制定产品采标计划。

(2)收集标准信息。

(3)必要的试验验证。

(4)编写标准。

(5)使用采标标志。

3. 采标标志的使用和备案要求

(1)采标标志的使用要求。

1)产品按照等同、修改采用国际标准的我国标准组织生产。

2)采标产品的各项质量要求稳定地达到所采用标准的规定,并达到批量生产能力。

3)属于国家技术监督局公布的实施采标标志产品目录中的产品。

(2)采标标志的使用和备案要求(如图7-1所示)。

1)备案报告。

2）采标认可证明。

3）采标的我国标准文本（如果是采用国际标准的企业标准，应附报采用标准的中文译本）。

4）产品质量达标并能稳定和批量生产的证明材料。

图 7-1　采标标志图样

4. 企业产品标准的采标认可

我国《采用国际标准产品标志管理办法（试行）实施细则》规定，采标的企业产品标准必须出具由相关的全国专业标准化技术委员会或行业标准化技术归口单位、省、自治区、直辖市标准化行政主管部门委托的省级标准化和有关技术机构提供的采标认可证明。

企业申请采标认可证明应提供下列文件：

（1）采标的企业产品标准文本。

（2）被采用的国际标准或国外先进标准原文和中译本。

（3）必要时可提供其他能说明企业产品标准已采标的材料。

（4）企业产品标准中主要性能指标和试验方法与国际标准或国外先进标准相应内容的详细对比表和必要的采标说明。

5. 企业采标时应注意的问题

（1）对于我国对应的国家标准、行业标准或地方标准已经采用的国际标准或国外先进标准，企业可以直接执行已采标的我国标准。

（2）对于我国对应的国家标准、行业标准功地方标准尚未采用的国际标准或国外先进标准，企业在决定采标时，应加强分析研究，确保所采用的国际标准或国外先进标准的现行性和适用性。

（3）注意版权、专利等知识产权问题。

八、标准与国际贸易

（一）国际贸易的基本概论

1. 国际贸易的定义与分类

国际贸易（International Trade）也称通商,是指跨越国境的货品和服务交易,一般由进口贸易和出口贸易所组成,因此也可称之为进出口贸易。进出口贸易可以调节国内生产要素的利用率,改善国际间的供求关系,调整经济结构,增加财政收入等。

国际贸易是指世界各个国家或地区在商品和劳务等方面进行的交换活动。它是各国在国际分工的基础上相互联系的主要形式,反映了世界各国在经济上的相互依赖关系,是由各国对外贸易的总和构成的。

从一个国家的角度看国际贸易就是对外贸易（Foreign Trade）。

按商品移动的方向国际贸易可划分为:

（1）出口贸易（Export Trade）:将该国的商品或服务输出到其他国家市场上销售。

（2）进口贸易（Import Trade）:将其他国家的商品或服务引进到该国市场上销售。

（3）过境贸易（Transit Trade）:A国的商品经过C国境内运至B国市场销售,对C国而言就是过境贸易。由于过境贸易对国际贸易的阻碍作用,WTO成员国之间互不从事过境贸易。

进口贸易和出口贸易是就每笔交易的双方而言,对于卖方而言,就是出口贸易,对于买方而言,就是进口贸易。此外输入该国的商品再输出时,成为复出口；输出国外的商品在输入该国时,称为复进口。

按生产国和消费国在贸易中的关系国际贸易（是否有第三国参加）可分为:

（1）直接贸易（Direct Trade）:指商品生产国与商品消费国不通过第三国进行买卖商品的行为。贸易的出口国方面称为直接出口,进口国方面称为直接进口。

（2）间接贸易（Indirect Trade）和转口贸易（Transit Trade）:指商品生产

国与商品消费国通过第三国进行买卖商品的行为,间接贸易中的生产国称为间接出口国,消费国称为间接进口国,而第三国则是转口贸易国,第三国所从事的就是转口贸易。

按商品的形态国际贸易可划分为:

(1)无形贸易(Invisible Trade):没有实物形态的技术和服务的进出口。专利使用权的转让、旅游、金融保险企业跨国提供服务等都是没有实物形态的商品,其进出口称为无形贸易。

(2)有形贸易(Visible Trade):有实物形态的商品的进出口。例如:机械、设备、家具等都是有实物形态的商品,这些商品的进出口称为有形贸易。

2. 国际贸易的作用

(1)国际贸易对国民的作用如下:

1)增加国民福利。

2)满足国民不同的需求偏好。

3)国际贸易提高国民生活水平。

4)国际贸易影响国民的文化和价值观。

5)提供就业岗位。

(2)国际贸易对单一国家的作用如下:

1)调节各国市场的供求关系。

2)延续社会再生产。

3)促进生产要素的充分利用。

4)发挥比较优势,提高生产效率。

5)提高生产技术水平,优化国内产业结构。

6)增加财政收入。

7)加强各国经济联系,促进经济发展。

(3)国际贸易对企业的作用如下:

1)强化品质管理,提高企业效益。

2)在产品品质竞争中立于不败之地。

3)有利于国际间的经济合作和技术交流。

4)有利于企业自我改进能力的提高。

5）有效地避免产品责任。

（4）国际贸易对世界的作用

1）国际贸易是世界各国参与国际分工，实现社会再生产顺利进行的重要手段。

2）国际贸易是世界各国间进行科学技术交流的重要途径。

3）国际贸易是世界各国进行政治、外交斗争的重要工具。

4）国际贸易是世界各国对外经济关系的核心。

5）国际贸易是国际经济中"传递"的重要渠道。

（二）标准与国际贸易的关系

标准与贸易之间存在着十分密切的联系，并且随着全球一体化的发展而不断发展。了解标准与贸易的起源、发展过程以及标准在国际贸易中的作用，能够更加深入地了解标准与贸易及其二者的关系。

20世纪以来，全球经济一体化和国际贸易自由化的快速发展，使得各个国家的生产、流通和消费已经超越国家的界限，扩展到全球范围，国家之间贸易往来的逐渐密切，使得标准被推向了国际市场竞争的前沿。标准的发展推动国际贸易的充分发展，维护了国际贸易秩序，使得国际贸易更加自由化与便利化，而国际贸易的发展也不断对标准的国际化提出新的要求。标准与贸易已经成为密不可分的整体。

1. 标准与贸易结合的起源

标准与贸易之间的关系并不是从来就有的，而是随着经济的发展而产生并发展起来的。

农业时代的标准和贸易都处于雏形阶段，发展缓慢，两者之间也很难联系起来。这个时期标准的发展主要局限于本国、本地区语言文字的统一，在生产过程中对工具的形状、大小、功能的要求，度量衡的统一以及一些简单文本规范、实物标样的统一。这些活动是人类为了适应自然和调整生产关系进行的，没有形成系统的理论和专门的组织，属于自发的行为。而这一时期贸易的发展也主要局限于国家内部，满足人们基本的生活需求。国际贸易活动比较频繁的地区是中国与欧亚的丝绸之路、地中海地区等，但贸易的内容主要是一般的消费品以及供封建主消费的奢侈品。因此，这一时期的标准与贸易之间并无太多联系。

工业时代的到来迅速推动了标准和贸易的全面发展。这一时期，人类开始有系统、有目标地制定标准，用以适应新型的机器化大生产，保证生产专业化和综合化协作，促进工业的发展。而这一时期的贸易，也随着资本主义的发展迅速繁荣起来。资本主义的本质要求资本对外扩张,因此许多率先发展的资本主义国家开始向殖民地输出资本,发展国际贸易,世界市场和世界经济体系也由此产生。这一时期,由于生产和资本扩张的需要,标准与贸易也开始逐步联系起来。世界市场的发展使得国家之间交易越来越频繁,为了方便交易、促进对外贸易的繁荣,各国的标准也开始了统一和国际化的过程。

随着经济全球化时代的到来,标准与贸易之间的关系越来越密切。如今,标准已经成为开展贸易的前提,离开标准,贸易将无法进行。在这样的形势面前,一些国际标准组织、区域标准组织开始出现,一系列的国际标准的制定,使得国际贸易得以实现和发展。国际标准有效规范了国际贸易的秩序,方便了交易的顺利进行,也为贸易争端的解决提供了一个公平有效的依据。而国际贸易不断发展的同时也推动了标准的进一步融合和国际化,两者之间的关系逐渐密不可分。

2. 标准与贸易的关系越来越密切

在以往的年代里,某一特定产品是由某一特定企业独家制造的。而今天,国际市场上流通的商品虽属某个企业的品牌,但实际上已往往不是独家制造了。比如欧洲的"空中客车"飞机,参与研制和生产的企业除法国的航空公司外,还有德国、英国、西班牙、荷兰、比利时、意大利等国的航空公司,只是在法国的图卢兹最后总装,法国制造的零部件还不到40%。无数这样的跨国公司和无数密集的交换往来,构成了当今世界极其复杂的贸易秩序,维护这一复杂秩序的重要手段就是标准。没有日臻完善的技术标准的支撑,如此庞杂的贸易往来是无法实现的。是技术标准,使得有着几百年历史的世界贸易发展到了今天。

进入 21 世纪以来,标准与贸易的关系,进入了前所未有的密切阶段;标准对于贸易的影响,也达到了前所未有的关联程度。ANSI 总裁巴蒂尔先生指出,标准已影响了全球 80% 的贸易,标准每年影响美国贸易额达 2 300 亿美元,影响全球贸易额达每年 8 万亿美元。标准问题已是当前跨国企业最为关注的问题之一。

3. 国际标准成为国际贸易的技术语言

开展国际贸易交流不可避免地会遇到由于各个国家及地区的不同因素而

形成的障碍。这些障碍包括经济发展阶段的不同、技术发展水平的不同、语言的不同、表达方式的不同、思维的不同以及风俗习惯的不同等。有些方面的因素相互之间的差别很大，这些差别会严重影响贸易的顺利交流。若想国际贸易能够得到便利发展，就需要有一种各国及地区都能够明白并能够接受的技术语言，这种技术语言就是国际标准。

多方参与使国际标准得到广泛认可。广泛的适用性加上多种利益相关方参与的环境确保了国际标准能够代表不同的技术观点，包括那些与社会利益和经济利益相关的观点。这些来自不同国家地区层面的组织和国际性政府组织、非政府组织的观点构成了国际标准的广泛代表性。因此，国际标准也会在全球范围内得到广泛的认可、接受及采用。

先进性与适用性使国际标准成为各国制定技术法规和国家标准的基础。ISO、IEC 和 ITU 标准可以实现对各国社会和环境政策的技术支持，并对世界范围内的可持续发展作出贡献；无论是应用于成熟的经济，还是应用于发展中的经济，均可为消费者提供相同水平的保护；推动各国产品在不同市场提高供应量和使用率，促进各国技术法规的一致性，增加小企业进入市场的机会；反映最新的技术发展水平，是传播新技术和创新实践的工具。在 ISO、IEC 和 WTO 的规范和倡导下，各国制定国家标准和技术法规尽可能采用有关国际标准，或以有关国际标准为基础制定国家标准和技术法规，使得国际标准这一国际技术语言与各国技术性贸易措施最大限度地实现一致。

统一的表达形式使各国准确领会国际标准。经过长时期的交流和总结，国际标准组织和 WTO 已经形成了完善的标准制定规范，这些规范包括统一的格式、结构、符号、图形、标志和规定的使用语言，使得各国及各地区都能准确识别其含义，避免了由于误读所产生的歧义。

由此可见，国际标准为国际贸易提供了统一的技术语言支撑，得到了世界各国的广泛认可，具有先进性和强大的适用性，有力地促进了贸易的发展。

4. 标准国际化与经济全球化

经济全球化和世界经济的一体化推动了国际间贸易范围和规模的扩大，使得标准成为全球市场产生竞争的关键要素之一，因此，在标准这一技术语言的支撑下，世界贸易的发展不断推动经济全球化的进程，也使得各国更需对贸易中出现的各种差异进行有效的统一，在这一过程中，标准自身也逐渐地实现了统一化和国际化。而各国际标准化组织、区域标准化组织的产生则是这一发展趋势的需要，同时，各国际标准化组织、区域标准化组织的出现更加推动了标准的国际化。

在经济全球化浪潮的推动下，特定产品由单一企业生产，产品专属于某国企业的概念已经逐渐淡化。企业实现跨国经营，商品实现跨国生产，商品和资源在全球范围内流动，技术交流活跃，从而促进了资源的合理配置。然而，如果缺乏统一的共同遵守的规则，流通的产品和资源没有可靠的质量，没有较高的信任度，那么这种全球化的后果将是难以设想的。因此，作为建立在协商基础上，具有一定公信力的标准，在保证产品质量、提高市场信任度、维护公平竞争以及加速商品流通、推动全球市场发展等方面具有不可替代的作用。同时，全球生产的需要，也促使世界各国和企业从战略角度上给予标准化工作以高度重视。

（1）标准是实现经济全球化的前提条件

经济全球化是通过各种经济资源在世界市场上相互流动来实现的。产品的整个生产过程被分解为若干个阶段或环节，在全球范围内进行分工，而保证这种国际分工得以实施的前提条件正是标准。如果参与全球生产的各个国家没有一致的标准，那么分工协作共同生产一种产品以及在全球各地寻找供应商只能成为一种空想。正如 ISO、IEC 主席和 ITU 秘书长在第 33 届世界标准日祝词中所说："标准是一种世界各地各种业务用以开发产品、服务和相关体系的技术语言。因各种业务都理解这种语言，那么在这种语言基础上所生产的产品或所产生的服务，无论在何地都应具有相同的质量。"标准的这种特殊作用，不仅使全球生产成为可能，而且保证全球生产更经济、更有效率，从而获得持续的竞争优势。

（2）经济全球化促使国际标准成为国际贸易规则

我国已经成为世贸组织成员。根据 WTO《技术性贸易壁垒协定》规定，WTO 成员制定技术法规、标准和合格评定程序时，应以已有的国际标准为基础，各成员制定的技术法规、标准和合格评定程序不得对国际贸易形成壁垒。此外，《实施卫生与植物卫生措施协定》也要求各成员在采用卫生和植物卫生措施时，应建立在已有的国际标准、指南或建议的基础上。

八、标准与国际贸易

因此，国际标准已经成为 WTO 各成员制定有关法规和标准的基础以及市场准入的必要条件。此外，在国际贸易纠纷中，按照买卖双方商定的标准或者国际惯例进行检验，尤其是采用买卖双方都能接受的国际标准规定的试验方法、检验规则和抽样方法进行仲裁检验，可以公平公正地解决贸易纠纷。正是由于标准的这一重要作用，世界各国高度重视在国际标准中体现本国利益。

综上所述，全球化经济的发展，使得标准与贸易成了密不可分的整体，它们二者相辅相成，标准推动了贸易，特别是国际贸易的发展；而国际贸易的迅速发展，也要求在更加广泛范围内协商一致，即标准的国际化。两者互相推动，共同发展，最终有力地促进了经济全球化的进程。

（三）标准与技术性贸易措施

1. 技术性贸易措施的含义

从概念上看，技术性贸易措施主要是指《技术性贸易壁垒协定》（TBT 协定）和《实施卫生与植物卫生措施协定》（SPS 协定）所管辖的各种形式的非关税措施。技术性贸易措施通常以维护国家安全、保护人类健康安全、保护动植物的生命和健康、保护环境、保证产品质量、防止欺诈行为等理由，通过技术法规、标准、合格评定程序、卫生与植物卫生措施来加以实施。

技术性贸易措施在实践中会对商品国际间的自由流动产生影响，如果这种影响对国际贸易造成了不必要的障碍，那么这种不合理的技术性贸易措施就构成了一种贸易壁垒。然而，对贸易措施或是贸易壁垒加以区别，实际上存在着较大的难度。各国出于自身的实际情况和利益，也会对一项措施是否构成壁垒产生不同的主观判断：贸易受到限制的一方必然会认为技术性贸易措施超出合理限度，构成壁垒；而经济技术水平相对较高的另一方则有充分理由实行较为严格的技术措施，对其他国家的进口构成事实上的贸易限制。

2. 技术性贸易措施的特点

（1）合法性

技术性贸易措施的合法性是指它以国际公约和 WTO 多边贸易协议为依据，为了正当目标而可采取的必要措施，因而具有合法性。技术性贸易措施源于 WTO 多边协定。尽管 WTO 倡导贸易自由化，但实际上，当前的 WTO 多边贸易体制绝不是实质意义上的自由贸易，而是一种有规则的贸易制度，这些规则对各国管理和开展贸易加了一定的义务，同时也授予了相应的权利。

在 TBT 协定和 SPS 协定中，明确给出了 WTO 成员以技术性贸易措施来实施保护的合法依据。TBT 协定规定了 WTO 成员可以为了国家安全需要、防止欺诈行为、保护人类健康、保护动物或植物的生命健康或保护环境等目的制定和实施技术法规，要求技术法规对贸易的限制不得超过为实现合法目标所必须的限度，同时考虑合法目标未能实现可能造成的风险。SPS协定则允许成员在风险评估的基础上为保护领土内人类或动植物的生命或健康免受病虫害、带病有机体或致病有机体、添加剂、污染物、毒素所产生的危害等原因而采取卫生与植物卫生措施。

这也就是说，WTO成员可以为了TBT协定和SPS协定所规定的合法目标，制定和实施技术性贸易措施，这也是WTO协定有条件授权成员的一项权利。

（2）针对性

技术性贸易措施的针对性是指它可以根据措施制定者的目标，在特定时间内针对特定国家的特定产品采用特定的技术措施。作为技术性贸易措施的表现形式的技术法规、标准与合格评定程序，它们必然指向特定的产品，规定产品的特定要求。由于各个国家技术水平、产业结构不同，因此在应对相同的技术性贸易措施方面存在程度不同的困难，或者说受其影响的程度不同，那么这时候如果措施制定者人为地对措施的指向目标加以区别的话，就会形成针对性的技术性贸易措施。例如，欧盟有关打火机加装防止儿童开启装置的法律，它把这一特殊要求施加于廉价打火机，因此其影响的对象必然是我国等劳动力成本低廉的发展中国家。

（3）合理性

技术性贸易措施的合理性是指，它明确规定了产品的质量和安全，能够用以保护人体健康、人身和财产安全，保护资源、生态和环境。近年来，人们的环保、安全和健康意识日益提高，发达国家的消费者更是已经形成了比较科学健康的消费意识和消费习惯，他们不仅要求产品的高质量，更会考虑到众多其他因素，如环保因素、绿色商品、动物福利等，因此技术性贸易措施不仅能够确保产品符合基本的质量、性能、环保等要求，还能够满足消费者的更高层次需求。

此外，由于各国经济与技术水平、法律制度、生活方式、收入与消费水平客观上存在着差异，各国人民对质量、安全、健康以及环境等方面有各自不同的价值取向，因此作为反映需求偏好和技术水平的技术法规与标准必然存在内容或水平方面的差异，而合格评定程序也可能因技术水平以及历史原因或习惯而不同。因此，正是这些差异的现实存在及其客观合理性，能够使一国政府通过在其技术性贸易措施中引入这些差异，从而在不违反WTO非歧视原则的基础上提高国外厂商符合这些要求的难度。SPS协定更是授权一国可自行决定适当的保护水平和根据风险程度区别对待不同来源的进口产品，从实质上构成了非歧视待遇的例外。

（4）双重性

技术性贸易措施的双重性一方面是指，技术法规、标准和合格评定程序本身通过对商品的质地、纯度、品质、规格、尺寸等作出规定，可以起到提高生产效率，促进贸易发展、维护消费者利益、保护环境等目的，同时可以迫使发展中国家加快技术进步、技术改造步伐、提高本身的生产加工水平；另一方面是指，使用不当，过高要求，也会导致阻碍贸易的后果。比如，提高食品的卫生要求，有助于保护人类健康，有助于促进企业提高生产水平，但是如果要求太高，或者人为地制造苛刻的要求，那么就构成了贸易壁垒。例如，日本对水果进口的检疫措施就非常复杂，要求逐项测试。

美国曾经就此问题将日本告到WTO，结果以美国的胜诉告终。日本要求水果测试，这是为了保护消费者利益，这是积极的一面。但逐项测试程序复杂，这就是消极的一面。在WTO的裁决里，一方面肯定了日本有权利采取检疫措施，但同时也认为日本的措施对贸易的阻碍超过了必须的程度，最终判定日本败诉。

3. 技术性贸易措施协定（TBT协定）

TBT协定分为前言、总则、技术法规和标准、符合技术法规和标准、信息和援助、机构、磋商和争端解决、最后条款及附件8个部分，共有15条129款和3个附件。

（1）技术性贸易措施协定的适用范围和规范对象

技术性贸易措施协定的适用范围是：除政府机构为其生产或消费要求所制定的采购规格和《WTO/SPS协定》附件A定义的卫生与植物卫生措施外的所有产品，包括工业品和农产品。

TBT协定所规范的对象是：WTO成员所采取的各类技术性贸易措施，包括技术法规、标准和合格评定程序。

1）技术法规

规定强制执行的产品特性或其相关工艺和生产方法、包括适用的管理规定在内的文件。该文件还可包括或专门关于适用于产品、工艺或生产方法的专门术语、符号、包装、标志或标签要求。

事实上，综合 TBT 协定以及 WTO 争端解决机构的有关裁决，评定是否属于 TBT 协定所述的技术法规，有以下三项判断标准：

①这一文件必须规定产品的特性。产品特性指的是如特征、品质、属性等可与其他产品区分的特点，它包括两方面的内容，即内在特征和与之有关的外在特征。内在特征包括产品的成分、形状、颜色、硬度、密度、黏性等。不同类别的产品，内在特征的内容不一样。例如，食品的内在特征主要是配料；服装是面料、辅料及其成分、尺寸、缝纫要求；金属的主要特征是抗拉强度、延伸率等。外在特征主要是包装、标志或标签、术语、符号等，目的是保证产品及其生产过程中的运输、储存安全，向消费者说明产品信息。

②必须强制实施。这里所指的强制，既可能以肯定的方式要求产品具有某些特性，也可以否定的方式禁止产品具有某些特性。例如，食品标签以肯定的方式规定标签内容；安全、卫生方面的法规常以否定的方式禁止产品超过某一指标。

③这一文件必须适用于确定的产品。一项技术法规如果没有明确的适用产品，就会成为"无的之矢"，其存在毫无意义。

2）标准

经公认机构批准的、规定非强制执行的、供通用或重复使用的产品或相关工艺和生产方法的规则、指南或特性的文件。该文件还可包括或专门适用于产品、工艺或生产方法的术语、符号、包装、标志或标签要求。

从上述定义可以看出，技术法规与标准的最大区别在于技术法规是强制执行的，而标准是自愿性、非强制性的。然而，标准虽然并非强制实施的市场准入要求，但却会是市场要求的体现，比如消费者对于产品符合标准的要求，购货商对于提供的商品必须符合何种标准的要求。许多发达国家和地区的客户非常喜欢符合本国标准的产品，因此进口商品符合它们的标准，成为推销商品的一个重要因素。

此外，TBT 协定所定义的标准与国际标准化组织（ISO）对标准的定义"为在一定范围内获得最佳秩序，对活动或其结果规定共同的和重复使用的规则、导则或特性的文件。该文件经协商一致制定并经一个公认机构的批准"略有不同。

ISO 标准定义涵盖产品、过程和服务，TBT 定义只涉及产品、工艺和生产方法。

ISO 定义标准可以是强制性的，也可以是自愿性的；TBT 定义标准是自愿性的，然而标准被技术法规引用的话，则在该技术法规适用范围内也变为强制。

ISO 定义标准是建立在协商一致基础上，TBT 定义标准没有这个要求。

3）合格评定程序

任何直接或间接用以确定是否满足技术法规或标准中相关要求的程序。合格评定程序特别包括：抽样、测试和检验；评价、验证和合格保证；注册、认可和批准以及各项的组合。

目前，ISO 将合格评定程序可以采纳的合格评定模式总结为 8 种，即：

①型式试验。

②型式试验+工厂抽样检验。

③型式试验+市场抽样检验。

④型式试验+工厂抽样检验+市场抽样检验。

⑤型式试验+工厂抽样检验+市场抽样检验+企业质量体系检查+发证后跟踪监督。

⑥企业质量体系检查。

⑦批量检验。

⑧ 100% 检验。

我国目前的合格评定模式主要包括抽样、检验、检测、认可、注册、批准、符合性评估、符合性验证和符合性保证共九类。在卫生与植物卫生措施领域，符合性评定制度主要表现形式为检验监督管理制度和认证认可制度。

（2）技术性贸易措施协定的基本原则

1）采用国际标准原则

TBT 协定规定，无论是技术法规、标准，还是合格评定程序的制定，都应以国际标准化机构制定的或即将拟定的国际标准、导则或建议为基础。它们的制定、采纳和实施都不应给国际贸易造成不必要的障碍。除非由于诸如基本气候或地理因素或基本技术问题对实现其合理的目标来说，这些国际标准无效或不适当。事实上，TBT 协定实际上还指出了 WTO 成员所负有的一项持续性义务，即应当根据新采纳的国际标准以及对国际标准的修订，来反复审议自己实施中的技术法规。

2）非歧视原则

非歧视原则由最惠国待遇和国民待遇构成。最惠国待遇和国民待遇实际上是贯穿几乎所有的WTO法律文件之中，是国际贸易顺利进行的基石。

最惠国待遇：如果某一个成员在贸易上给予另一个成员或与另一个成员有关系的人和物特殊优惠，例如允许以较低的标准水平进口，那也必须给予所有WTO成员以同样的优惠。

国民待遇：是指一个成员给予在其境内的外国公民、法人、商船享有的民事权利与本国公民、法人、商船的民事权利一样平等。对进口产品的市场准入要求必须与本国产品的技术标准相一致，不能搞双重标准。

3）合法目标原则

合法目标原则是指WTO成员技术法规应当出于五个正当合法目标：国家安全需要、防止欺诈行为、保护人类健康、保护动物或植物的生命健康或保护环境。技术法规对贸易的限制不得超过为实现合法目标所必须的限度，同时考虑合法目标未能实现可能造成的风险。如果与技术法规采用有关的情况或目标已不复存在，或改变的情况或目标可采用对贸易限制较少的方式加以处理，则不得维持此类技术法规。

4）各成员认证制度的相互认可原则

TBT协定鼓励各个成员谈判达成合格评定的相互承认协议，要求各成员在可能的情况下，接受其他成员的合格评定程序的结果，只要这些程序与它们自己的程序一样都能够保证满足技术法规的要求即可。因此，TBT协定提出了一些标准，以确定出口国的相关合格评定机构拥有必要的技术能力，比如可以把合格评定机构遵守国际标准化机构颁布的相关指南和建议的情况作为其拥有适当技术资格的一种体现。

5）可预见性（透明度）原则

可预见性原则又称透明度原则，是指各成员按其公布影响经济贸易方面的法规、标准、经济情况等信息。乌拉圭回合的大多数协议都强调了透明度原则。这一原则在技术法规和标准领域尤其重要，因为产品要求及其合格评定测试的细节必须及时公布，这样才能防止产生限制贸易或扭曲贸易的现象。

TBT协定规定了两项透明度义务,目的在于保证所有成员都可以提前获得技术法规和合格评定程序的信息,使企业能够有时间针对政策的变更作出调整。第一项义务是主动性义务,即如果各成员制定的技术法规或合格评定程序与国际标准不同,而且如果这些法规和程序对其他WTO成员的贸易有重大影响,那么就需要在实施前的60天向WTO秘书处进行通报,并且接受其他成员提出的合理通知并加以充分考虑。另一项义务是被动性义务,即各成员必须设立咨询点,以回答其他成员有关这些措施方面的所有合理问题。

6)鼓励发展和经济改革原则

TBT协定第11条包含了有关成员提供技术援助的规定,第12条则详细规定了对发展中国家的优惠待遇。除一些规定从总体上要求关注发展中国家,特别是最不发达国家外,还有两点需要关注。第一,该协定认识到发展中国家可以采用法规、标准和测试方法,旨在保护本国技术及生产方法和工艺,在这种情况下就不能期望这些国家采用与其发展、财政和贸易需要不适合的国际标准。第二,对于由于特殊发展和贸易需要以及技术发展阶段等原因,在履行义务方面存在困难的发展中国家,该协定还允许给予它们具体和有时限的例外。

4. 技术性贸易措施的新倾向

经济全球化的进程不断加快,标准化的水平不断提高,两者越来越密切的结合,使技术性贸易措施不断出现新的发展动向。

(1)技术法规越来越多地使用自愿性标准

技术法规是技术性贸易措施的主要表现形式。技术法规是由政府机构制定的,属于法律法规的范畴,具有强制执行的效力。而标准的实施则是自愿性的,也就是说可以执行也可以不执行。进入20世纪80年代以来,技术法规与标准的结合成为许多国家的通行做法,各国技术法规大量使用自愿性标准,赋予自愿性标准以强制执行的效力,使得自愿性标准成为技术性贸易措施的重要组成部分。

1)各国积极推动技术法规中使用自愿性标准

鉴于标准在各国的经济和贸易中发挥着重要作用,国际上和许多国家的立法机关开始重视标准,并在立法中引用标准,使标准与技术法规有机地结合,推动经济和贸易的发展,也增加了发展中国家发展贸易的难度和成本。

美国国会通过颁布一系列相关法律推动技术法规中使用自愿性标准,并以法律强制为基础,加强在实施中的协调和引导。美国国会于1996年批准了《国家技术转让与推动法案》(NTTAA),要求所有联邦政府机构制定技术法规时尽可能使用自愿性标准。近年来,美国政府部门自行制定的技术法规和强制性标准越来越少,更多地是使用非政府部门制定的自愿性标准,并鼓励政府人员积极参加自愿性标准的制修订工作。据2008年美国国家标准技术研究院(NIST)的统计,美国联邦政府使用自愿性标准已达到6500多项。比如:《联邦法规法典》的农业篇中就使用数百个自愿性标准。这些被使用的自愿性标准原本属于标准范畴,但政府采用后,将其提升为用于保护国家安全、健康、环境保护范畴的强制性标准,从而使其具有了强制执行力。国外产品若进入美国市场,必须满足这些标准的安全健康要求,因此这些标准形成了国际贸易中的新型壁垒。

日本政府也大力推动在技术法规中使用国际标准。到目前,JIS中有1500多个被政府各类法规使用,超过标准总数的五分之一。日本138项法律的技术标准采用了日本工业标准(JIS)(不包括《工业标准化法案》),914个JIS在法律法规中被使用,在法律法规中的使用频次是6409。

近年来,为使自愿性标准满足政府需求,英国政府发布了英国政府管理和参与标准化的规范——《英国政府2009年在标准化中的公共政策利益》和《政府代表参与BSI英国标准委员会指南》这两个文件集中反映了英国政府的标准化政策,其目的是使标准满足政府的需求,技术法规中使用标准,将会使技术法规更加科学和便于实施。

2)通过技术法规引入使自愿性标准具有强制力

许多国家在制定技术法规时,直接使用自愿性标准以实现法规目标。通常情况下,这些被技术法规使用的标准成为强制性标准,发挥着技术法规的作用。

法国规定,如果出于治安、公共安全、人与动物健康和生命保护或植物保护、具有艺术价值、历史价值或建筑学价值的国家珍品保护。

印度标准是自愿的、供公众采用的标准。由相关方对其实施。但是,如果一个标准在合同中有明确规定,或在立法中得到引用,或根据政府的具体命令必须执行,这个标准就具有法律效力。遵守标准是自愿的,但是,当政府机构采用这些标准来规范与安全、健康相关的问题时,这些标准又是强制性的。

以色列规定标准具有自愿性的地位,但是如果这些标准对保护公共安全或人类健康或环境质量来说非常重要,可以由贸易及工业部部长将标准转化为具有法律约束力的标准。

上述国家的规定表明,自愿性标准可以通过法规的采用转化为强制性标准;而这些被转化为强制性的标准必须是为了用于保护人类健康和安全、动植物安全与健康、保护环境等目标。同时表明,用于构筑技术性贸易措施的技术文件,并非都是法律法规,强制性技术文件也同样可以直接或独自作为技术性贸易措施的组成部分。

目前,许多国家有强制性标准。这些强制性标准中的大部分是由技术法规对自愿性标准的采用和转化而来。使许许多多的自愿性标准成为技术性贸易壁垒的重要组成部分。

许多国家的技术性贸易措施日趋复杂的严峻现实,对我国的对外贸易产生巨大、持续的影响。这一复杂形势的形成,重要原因之一在于技术法规对标准的大量引用。

3)标准化组织为实施技术法规制定标准

欧盟十分强调欧洲标准对技术法规的支持,但由于是区域国家联盟,采用的是先颁布技术法规,再要求制定相应实施标准的方法。1985年5月7日欧盟理事会通过的《关于技术协调与标准新方法决议》正式确立了在制定技术协调指令中采用标准的方法。新方法指令是一种特殊的法律形式,它只规定产品的"基本安全要求",而欧洲标准化组织为实现这些"基本要求"制定自愿性标准。欧盟理事会每批准一个新方法指令,就要给欧洲标准化组织下达一份标准化委托书,要求依据新方法指令的"基本要求"制定协调标准。欧盟正在朝着借助标准、合格评定程序等要素支持技术立法的方向发展。

随着国际贸易竞争的加剧,技术性贸易措施不断向着标准的复杂化和复合化的方向发展。这些转化为强制性标准的自愿性标准,包含了大量的先进技术、复杂的工艺以及创新成果,使技术性贸易壁垒愈加难以逾越。尤其是一些发达国家,对WTO只通报技术法规而不通报采用的标准,往往使技术性贸易壁垒隐藏着难以摸清的障碍。

（2）绿色环境壁垒在技术性贸易措施中扮演重要角色

绿色环境壁垒成为 21 世纪初技术性贸易措施的重要内容。绿色环境壁垒是以保护地球生态环境、自然环境和人类健康为目的，以一系列的国际资源环保公约、标准、协定为依据，要求与保护自然资源、人类健康、生态环境有关的产品，从初级原料准备、生产制造直至消费者使用过程和废弃物处理的全过程，都置于绿色环保要求的控制与影响之下。

ISO 发布的 ISO 14000 环境标准中就包括环境标志标准，其中将环境标志分为三类：第一类是生命周期标志，这种标志利用等三方制定的标准评价产品在整个生命周期中的环境特性，并且是自愿性的；第二类是生产者自我声明标志，即生产者基于对产品的个别环境特性进行自我认证而作出的声明；第三类标志是基于特殊种类产品的标准进行独立的科学评价，从而提供环境信息的标志，它并不暗示对产品的偏好选择，而由消费者基于列举的环境信息来选择产品。

从发展趋势看，环境标志产品的种类和数量日益增多。从早期的节水节能、低耗低污染类产品如绿色食品、节能灯、无磷洗涤剂等逐渐向可回收再生、可生物降解、再生资源利用型方向发展。法国、德国等欧洲国家正在研究向钢铁、建材工业颁发环境标志；环境标志制度将日益正规化、系统化。ISO 14000 环境管理体系标准（包括 ISO 14020、ISO 14021、ISO 14024、ISO/TR 14025）将企业的清洁生产、产品生命周期评价、环境标志产品、企业环境管理系统作为一个整体加以审核。在未来的国际生产消费领域，环境标志与清洁生产的合二为一是其发展的必然趋势。环境标志制度日趋国际化。

联合国国际贸易中心研究表明，目前已有 137 个进口国采用了与环境有关的技术性贸易措施。WTO 成员每年通报的环境措施有 200 件左右，绝大多数贸易产品受到直接或潜在的影响。各国尤其是发达国家对环保的要求越来越严格，各国以保护环境名义实施禁止或限制的贸易措施名目繁多，环境壁垒在技术性贸易措施中扮演越来越重要的角色。

一些发达国家凭借自己的发展优势，用绿色壁垒作为贸易保护的手段，它们通过制定严格的环境保护法规和苛刻的技术标准，对发展中国家开展贸易歧视，对国际贸易进行不合理的限制，造成发展中国家巨大的经济损失，延缓发展中国家工业化和现代化进程。

（3）从对产品本身的技术要求转向对产品全过程的要求

以往的技术性贸易措施主要针对产品本身，只要这一产品符合相应的性能、质量标准就可进入某一国家市场。如今，技术性贸易措施从针对具体产品向生产经营全过程延伸。从产品形态看，不仅涉及初级产品，也牵涉到所有的中间产品和制成品；从产品生命周期看，涵盖了原材料选择、研究、生产、加工、包装、标签、运输、销售和消费以及处置等各个环节；从涉及领域看，从生产领域扩张到社会领域，从有形商品扩张到环境、信息、投资、知识产权及可持续发展等各个领域。

（4）以社会责任为手段增加进口国贸易成本

近年来，发达国家以保护动植物和人类的健康和安全、保护环境和消费者利益为由，以人道主义或促进社会发展的名义，采取技术性贸易措施。近年来出现的"社会责任管理体系"——社会责任标准，就把贸易保护的实现转到劳工标准、保护人类健康、维护人权和社会责任上。

社会责任管理体系是一种以保护劳动环境和条件、劳工权利等为主要内容的新兴的管理标准体系。社会责任主要包括"核心劳工标准"和"工时和工资"等内容。

关于童工问题，标准规定不应使用或者支持使用童工，不得将其置于不安全或不健康的工作环境和条件下。关于强迫性劳动，标准规定不得使用或支持使用强迫性劳动，也不得要求员工在受雇时交纳"押金"或寄存身份证件。关于歧视，标准规定不得以因种族、社会阶层、国籍、宗教、残疾、性别、性取向、工会会员或政治归属等而对员工在聘用、报酬、训练、升职、退休等方面有歧视行为；公司不能允许强迫性、虐待性或剥削性的性侵扰行为。针对健康与安全，标准规定公司应为员工提供安全健康的工作环境，采取足够措施降低工作中的危险因素，尽量防止意外或健康伤害的发生；为所有员工提供安全卫生的生活环境，包括干净的浴室、洁净安全的宿舍、卫生的食品存储设备等。

在管理体系方面，标准要求管理层应根据该标准公开透明、各个层面都能了解并实施的符合社会责任与劳工条件的公司政策，要对此进行定期审核；委派专职的管理代表具体负责，同时让非管理阶层自选一名代表与其沟通；建立并维持适当的程序，证明所选择的供应商与分包商符合该标准的规定。

许多发展中国家很难达到这些要求，然而很多国家和国际组织把职业健康安全和贸易联系起来，并以此为借口设置障碍，形成技术性贸易壁垒中的新手段。被称为 ISO9000 和 ISO14000 之后，企业进入国际市场的第三张"通行证"。

使用"社会责任条款"是欧、美等发达国家继生态环境标准之后又一对发展中国家实施贸易壁垒的新举措。目前，一些发达国家，特别是欧盟各国对出口商在生产过程中的诸如雇佣童工、对工人的劳动条件和劳动福利作出明确规定，并进行检验。一些进口商特别是名牌服装进口商和知名零售企业，已纷纷在公司内建立起了针对供应商的社会行为准则以及相应的检验体系。德国进口商会已制定了《社会行为准则》，根据有关条款规定，德国进口商应经过 SA 8000 协会授权，对其供应商（出口商）的社会行为进行检验。该《社会行为准则》将很快被法国和荷兰等进口商协会所采用。社会责任有很大的隐蔽性和欺骗性，在提高工人福利的借口下，大大削弱了发展中国家人力资源丰富的比较优势，进而限制发展中国家的劳动密集型产品出口。我国出口到欧美的服装、纺织、玩具、鞋帽、家具、运动器材及日用五金等都遇到了 SA 8000 标准的限制。

（5）技术措施与专利相结合成为技术性贸易措施的重要形式

技术性贸易措施发展的一个重要趋势，是以专利作为技术控制的支撑，通过对技术标准的控制，在贸易中实现产业垄断。由于技术的发展，特别是信息技术的突飞猛进，为适应市场需要，一些技术专利不可避免地被纳入标准，标准中涉及的专利问题逐渐成为国际技术性贸易壁垒中无法回避的问题。发达国家常常借助其强大的技术优势，积极提交受专利保护的技术方案参与国际标准的制定。

如今，发达国家的技术性贸易壁垒越来越多地以知识产权为支撑。特别是在高新技术领域，如 DVD、彩电、手机、数码相机，计算机等遇到的问题均反映了这种趋势，每类产品标准背后都有知识产权隐含其中。目前，知识产权保护范围正在不断扩大，并已由过去传统的专利、商标、版权等扩展到了包括集成电路、植物品种、商业秘密、生物技术等新的技术领域。各国为维护自身的比较优势和经济利益，纷纷制定了许多与知识产权相关的技术法规，以规范和调整贸易对象，实现经济的可持续性发展。

5. 中国技术性贸易措施体系

20世纪末以来，尤其是自从我国加入WTO以后，我国按照国际规则和惯例，对标准化进行改革，构建符合中国社会主义市场经济发展需要的技术性贸易措施体系。

（1）建立技术性贸易措施通报机制

WTO/TBT协定的通报制度是根据WTO/TBT协定的规定，各成员政府机构所制定、批准和实施的技术法规、标准及合格评定程序，凡没有相应的国际标准，或提出的技术法规、标准及合格评定程序的技术内容与相应的国际标准的技术内容不一致，并且该技术法规、标准及合格评定程序的实施对其他成员的贸易可能产生重大影响时，该成员政府须通过WTO秘书处在适当的时间内将该技术法规、标准及合格评定程序所覆盖的产品清单通报给其他成员。同时应无歧视地给其他成员留出合理的时间，使其提出书面意见。透明度是WTO的一项基本原则，是多边贸易体系的组成部分，通报咨询制度既是透明度原则的具体体现，也是技术性贸易壁垒预警工作的重要环节。

据统计，WTO每年通报给各成员有关制修订技术法规的数量达500~700件，而且这一数量在不断增长。应该及时准确地向社会和企业提供这些信息，使他们及时了解和掌握，以利贸易的发展。

1）建立WTO技术性贸易措施的通报评议制度

为履行WTO/TBT协定和WTO/SPS协定规定的透明度义务，规范我国WTO技术性贸易措施的通报、评议、咨询工作，根据国务院的有关规定，国家质检总局于2003年10月发布了《国家质量监督检验检疫总局技术性贸易措施通报、评议、咨询工作规则》，对国家质检总局制定的WTO技术性贸易措施向WTO秘书处的通报、对WTO其他成员技术性贸易措施的评议和咨询、对WTO其他成员对质检总局技术性贸易措施的评议和咨询的处理都作出了具体规定。国家标准化管理委员会在国家质检总局的统一安排和协调下，负责做好WTO/TBT协定和WTO/SPS协定及执行中有关强制性标准的通报、咨询和评议工作。

在中国加入WTO法律条文中规定，我国强制性标准作为技术法规的组成部分和重要表现形式，并作为技术性贸易措施的内容，向WTO及各成员通报。

2）建立技术性贸易措施的通报和咨询服务机构

通报咨询制度要求WTO各成员设立国家咨询点，代表该国政府履行通报和咨询义务。2002年10月国务院下发文件，明确在国家质检总局设立WTO技术性贸易措施咨询点，负责通报咨询的国内协调。2004年2月13日中编办正式批复国家质检总局，在国家质检总局标准法规中心加挂中华人民共和国WTO/TBT国家通报咨询中心的牌子和中华人民共和国WTO/SPS国家通报咨询中心的牌子。

2006年6月，全国技术性贸易措施部际联席会议又制定了《技术法规、标准、合格评定程序通报评议咨询工作指南》和《卫生与植物卫生措施通报评议咨询工作指南》。这两个指南的制定和实施，为我国建立和完善履行WTO透明度原则的工作机制，实施技术性贸易壁垒应对战略提供了重要的指导规范。国家质检总局技术性贸易措施国家通报咨询中心接收其他WTO成员国的技术性贸易措施通报，并答复我国技术性贸易措施通报的工作。即其他WTO成员国的技术性贸易措施通报经WTO秘书处第一时间由质检总局技术性贸易措施国家通报咨询中心接收，再转发至相关部门与机构。

3）以强制性标准作为技术性贸易措施的主体

我国加入WTO后，逐步与国际规则接轨，按照WTO/TBT协定的要求逐步整合我国的强制性标准，并于2002年发布了《关于加强强制性标准管理的若干规定》，该项规定指出，强制性国家标准应贯彻国家的有关方针政策、法律、法规，主要以保障国家安全、防止欺诈、保护人体健康和人身财产安全、保护动植物的生命和健康、保护环境为正当目标。

上述规定的范围，与WTO/TBT协定要求的技术法规"正当目标"是基本一致的，因此，在中国加入WTO谈判中确定，中国强制性标准作为技术法规向WTO进行通报，与发达国家相比，中国的技术法规数量比较少，并且绝大多数对于技术要求都规定得比较原则，而强制性标准的数量相对较多，构成了技术性贸易措施的主体。中国技术性贸易壁垒中的绝大多数为强制性标准。

（2）建立技术性贸易措施部际联席会议制度

为了建立"信息共享、措施协调、反应快速"的技术性贸易措施协调机制的目标，我国建立了全国技术性贸易措施部际联席会议制度和全国认证认可部际联席会议制度。

1）建立全国技术性贸易措施部际联席会议制度

2002年11月11日，国务院正式批准由国家质检总局牵头建立全国技术性贸易措施部际联席会议。联席会议由国家发改委、科技部、公安部、信息产业部、农业部、商务部、卫生部、国务院法制办、海关总署、工商总局、环保总局、民航总局、质检总局、国家食品药品监督管理局、国家林业局、国家中医药管理局、国家认监委、国家标准委等单位组成。联席会议的宗旨是建立信息畅通、措施协调、反应快速的技术性贸易措施协调机制，健全我国符合WTO规则和国际通行做法、又适应我国建立社会主义市场经济秩序，既能有效限制过量进口、又能积极促进对外开放的技术性贸易措施体系的建设。

全国技术性贸易措施联席会议为了进一步实现"信息共享、措施协调、反应快速"的技术性贸易措施协调机制的目标，根据联席会议制度规定的"及时通报、交流技术性贸易措施的重要信息"的工作任务的要求，2005年6月审议通过了《全国技术性贸易措施部际联席会议信息通报工作机制》，对通报及交流信息的内容、通报和交流的形式作了具体的规定。

全国技术性贸易措施联席会议还制定了《技术法规、标准、合格评定程序通报评议咨询工作指南》和《卫生与植物卫生措施通报评议咨询工作指南》，分别对WTO技术性贸易措施的通报评议工作进行了规范。

2）建立全国认证认可部际联席会议制度

为加强各有关部门之间的协作配合，共同做好认证认可工作，根据《国务院办公厅关于印发国家质量监督检验检疫总局及国家认证认可监督管理委员会、国家标准化管理委员会职能配置内设机构和人员编制规定的通知》（国办发[2001]56号）、《研究认证认可工作有关问题的会议纪要》（国阅[2001]68号）和《国务院办公厅关于加强认证认可工作的通知》（国办发[2002]11号）等文件精神，经国务院领导同意，建立全国认证认可工作部际联席会议制度。

全国认证认可部际联席会议机制建立于2002年4月8日，由国家质检总局认证认可委员会牵头，成员包括科技部、工信部、公安部、环境保护部、住房和城乡建设部、交通运输部、铁道部、水利部、农业部、商务部、卫生部、海关总署、工商总局、体育总局、林业局、质检总局等23家单位。全国认证认可部际联席会议机制的主要职责是：研究提出对国家认证认可工作方针、政策的意见和建议;研究协调贯彻执行涉及认证认可方面的国家法律、法规和标准中的重大问题;研究提出整顿和规范认证市场秩序、强化认证工作监督管理的意见和措施;研究协调认证认可国际合作和履行 WTO 成员义务中的重大问题等。

（四）标准在国际贸易中的作用

标准是国际贸易的一个出色的推动器，在促进世界市场的繁荣、维护公平公正的国际贸易秩序、有效解决国际贸易争端等方面，其作用都是不可替代的。标准对现代国际贸易的作用主要表现在协调与赢得竞争作用、推动作用、保护作用和仲裁作用等四个方面。

1. 协调与赢得竞争作用

制定标准过程中的一个重要特征是协调，通过有关利益方的协商一致，对各种因素进行选择、设计、调整以及优化和平衡，使其整体功能最佳并产生最优的效果。标准的这一特征使其能够在纷繁复杂的国际贸易中发挥重要的协调作用。

经济全球化的趋势促使国际贸易产生、发展，要求资本在世界范围内有效地流通、配置，例如，一个产品往往不是由一个国家、企业独立生产的，而是涉及多个企业和多个国家。然而，由于历史背景、社会制度以及文化理念、民族等方面的差异，各国以及各机构制定出来的政策有很大的差异且杂乱无章，这很容易建立起国家之间的贸易壁垒，阻碍国际贸易的发展。而标准的制定，特别是国际标准的制定，一方面能够有效地协调各国的标准，减少贸易壁垒的产生；另一方面，在各国还未制定标准的领域，能够先期干预，统一调节，促使各国采用国际标准作为制定基础，使得各国的标准渐趋一致。通过标准的协调和平衡，能够保证生产和贸易的有序进行，尽可能地减少贸易壁垒，为贸易的自由化铺平道路。

其中，比较显著的例子便是 ISO 制定的一系列的国际集装箱标准。国际集装箱标准规定了集装箱的性能、尺寸和重量，这有利于各国协调国际运输调度，节约成本，方便装卸货，不但为国际交通运输带来了巨大的影响，也大大促进了国际贸易的发展。

在传统大规模工业化生产中，是先有产品后有标准。在知识经济时代，

八、标准与国际贸易

往往是标准先行,这在高技术产业领域表现尤为明显。关于标准的竞争,说到底是对未来产品、未来市场和国家经济利益的竞争。具备技术优势的企业正在依靠事实标准来实现其垄断地位。事实标准是指没有任何官方或半官方机构选择,由厂商自发形成的标准。"一流企业卖标准"这句话的实质就是指一流的企业靠推行事实标准来主导市场,从而确立其优势地位,获得超额利润。

掌握事实标准的企业,往往占有"赢者通吃"的有利地位,即某种产品的市场份额越大,其兼容性的产品数量也越多,这又反过来巩固了原有产品的技术地位,形成了坚固的互相依赖的关系。这种关系在IT、电子行业尤为明显,标准往往使具有较大市场份额的企业获得市场的绝对主导权,从而实现超额利润。如微软公司于2007年成功地使自己的OOXML文档标准成了ISO认可的新的国际文档标准。微软文档标准能被广泛接受,归功于其在电脑操作系统及办公软件市场压倒性的市场份额优势。微软可以利用这项标准,在竞争中把握主动权。

另一种以标准来获取竞争优势的方式是企业联合标准,这已经成为当今世界标准化领域的新趋势。同一行业或者相关产业链上的龙头企业利用各自在市场上的影响力,以技术标准联盟的形式,力推一项技术成为市场上的事实标准,建立市场准入门槛,形成对市场的垄断。以新一代光盘存储标准为例,早在2002年,索尼公司就联合三星、飞利浦、松下等电子行业的龙头企业成立了蓝光技术联盟,主推索尼提出的蓝光光盘标准。东芝公司针锋相对,联合NEC、微软等巨头成立了HD-DVD(高清DVD)技术联盟。两大联盟为争夺新一代光盘存储技术的主导权,投入了大量的研发资金。最终,东芝公司于2008年2月宣布放弃竞争,索尼赢得了这场标准之争的胜利。一方面,推动了索尼新型视频游戏机(该游戏机支持蓝光光盘)和蓝光影碟机的销售,获得了硬件和软件方面的双重收益。另一方面,由于蓝光技术门槛很高,可以有效遏制盗版,有效保护好莱坞各个娱乐公司的版权。从蓝光标准的案例可以看出,参加企业技术标准联盟可以使各个成员获得超额利润,同时有效排挤其他竞争对手。目前,全世界通用的各类技术标准,大多是跨国企业的联合技术标准,如通信领域的GSM标准、WCDMA标准等。

2. 推动作用

ISO 在 2002～2004 年的战略计划中指出：标准作为服务于国际贸易的重要手段，对全球市场经济的发展产生着越来越重要的影响。市场为商品流通提供了各种条件，但却存在着各种人为的障碍。而作为国际公认的国际标准，能够起到消除壁垒且促进贸易自由化的作用。正如 2002 年 ISO/IEC 两大国际标准化组织提出的"一个标准、一次检测、全球接受"的理念，充分表明了标准对消除贸易障碍、加速产品流通的作用。

此外，就不同国家的标准之间存在差异而言，尽管这些差异可以有意无意地成为一种对外贸易政策的手段，从而对贸易伙伴的经济产生消极作用。但是，从经济学理论角度来看，标准对于外贸出口有积极的推动作用。首先，采用标准的企业在生产成本和产品质量上可以获得优势，从而能够进入国际市场；其次，虽然各国标准之间存在差异，但正是标准的存在，使一国的市场准入规则更为透明，使得出口商和制造商拥有了进入进口国市场的依据；此外，对于消费者和客户而言，标准使得产品的性能更为公开透明，人们可以根据自己的喜好做出最优的购买和使用决策。

3. 保护作用

现如今，越来越多的国家优先引进符合国际标准的产品或技术，在一些发达国家，甚至将产品和技术符合国际标准作为国内市场准入的原则之一。由此可见，标准已经成为世界各国在国际贸易中占据有力的国际市场、保护本国利益、维护国内外市场秩序的有利条件，也成了一种重要技术性贸易措施。

但是，标准是一把双刃剑，既可以用来消除贸易的技术壁垒，又可以用来在国际市场上筑起新的技术性贸易壁垒。一些发达国家在国际贸易中，往往利用标准设置障碍，利用不公正的手段保护本国的利益。例如，德国曾利用美国的磁带标准与本国不一致，禁止从美国进口磁带录音机。美国为了确保本国农场主的利润，于 20 世纪 60 年代修改了市售西红柿标准，从而关闭了从墨西哥进口大个西红柿的市场，为佛罗里达及加利福尼亚小个西红柿的出售创造了有利条件。这完全背离了标准的本质，标准的本质就在于其普遍性和统一性，利用标准来设置贸易壁垒，破坏了国际贸易公平、良好的竞争模式，通过损害他国的利益来维护本国的利益，严重丧失了制定标准的真正目的，阻碍了全球化的进程。

因此，国家在将标准作为保护本国利益、维护本国市场、保证本国占据有力国际市场地位的手段时，必须杜绝利用标准设置贸易壁垒、损害他国的利益。这也是有关国际组织制定统一国际标准的一个重要的目的。WTO/TBT 协定在描述协定目标时指出："……认识到不应组织任何国家采取必要措施，在其认为适当的程度保证其出口产品的质量……但不能利用这些措施作为对情况相同国家进行任意或无理歧视或变相限制国际贸易的手段……"。此外，WTO/TBT 协定也充分关注发展中国家在国际贸易中的不利地位，努力引导发展中国家加入到国际标准化的体系中，生产符合国际标准的产品，从而保证其产品在市场中被接受。

4. 仲裁作用

随着国际贸易额的逐年上升，国际贸易中的纠纷在所难免。依据国际通用的标准来对争端进行仲裁，已经成为一种国际惯例。

一方面，国际标准能够成为国际贸易中各方签订合同所必需的原则性和基础性的技术文件，明确规定缔约双方的义务以及产品或服务要求，从而作为合同和质量纠纷仲裁的技术依据。通过确定国际公认的标准，并由缔约双方在合同中予以明确，当有关产品或服务的质量出现问题时，就可以在标准的基础上协调解决，或者在实验和测试的基础上依据技术标准进行仲裁。也就是说，标准为解决贸易纠纷创造了公正的条件，从而减少争议，降低诉讼成本。

另一方面，如前所述，根据 WTO《技术性贸易壁垒协定》、《实施卫生与植物卫生措施协定》等多边协定，都要求 WTO 成员制定技术法规、标准和合格评定程序时，应以已有的国际标准为基础。因此，国际标准不但是 WTO 各成员制定有关法规和标准的基础以及市场准入的必要条件，也是 WTO 争端解决机构用以裁决国家之间贸易纠纷的重要依据。如在秘鲁诉欧盟沙丁鱼商品名称一案中，争议双方就食品法典委员会的 Codex Stan 94 标准是否为国际标准产生了分歧，WTO 争端解决机构最终判定：由于联合国粮农组织和世界卫生组织共同建立的食品法典委员会是被 WTO 认可的有权制定国际标准的机构，因此判定该标准为国际标准，使得秘鲁的沙丁鱼罐头得以继续在欧盟上市销售。

附 录

标准化工作实用手册

中华人民共和国标准化法

（2017年11月4日 中华人民共和国主席令第78号）

第一章 总则

第一条 为了加强标准化工作，提升产品和服务质量，促进科学技术进步，保障人身健康和生命财产安全，维护国家安全、生态环境安全，提高经济社会发展水平，制定本法。

第二条 本法所称标准（含标准样品），是指农业、工业、服务业以及社会事业等领域需要统一的技术要求。

标准包括国家标准、行业标准、地方标准和团体标准、企业标准。国家标准分为强制性标准、推荐性标准，行业标准、地方标准是推荐性标准。

强制性标准必须执行。国家鼓励采用推荐性标准。

第三条 标准化工作的任务是制定标准、组织实施标准以及对标准的制定、实施进行监督。

县级以上人民政府应当将标准化工作纳入本级国民经济和社会发展规划，将标准化工作经费纳入本级预算。

第四条 制定标准应当在科学技术研究成果和社会实践经验的基础上，深入调查论证，广泛征求意见，保证标准的科学性、规范性、时效性，提高标准质量。

第五条 国务院标准化行政主管部门统一管理全国标准化工作。国务院有关行政主管部门分工管理本部门、本行业的标准化工作。

县级以上地方人民政府标准化行政主管部门统一管理本行政区域内的标准化工作。县级以上地方人民政府有关行政主管部门分工管理本行政区域内本部门、本行业的标准化工作。

第六条 国务院建立标准化协调机制，统筹推进标准化重大改革，研究标准化重大政策，对跨部门跨领域、存在重大争议标准的制定和实施进行协调。

设区的市级以上地方人民政府可以根据工作需要建立标准化协调机制，统筹协调本行政区域内标准化工作重大事项。

第七条 国家鼓励企业、社会团体和教育、科研机构等开展或者参与标准化工作。

第八条 国家积极推动参与国际标准化活动，开展标准化对外合作与交流，参与制定国际标准，结合国情采用国际标准，推进中国标准与国外标准之间的转化运用。

国家鼓励企业、社会团体和教育、科研机构等参与国际标准化活动。

第九条 对在标准化工作中做出显著成绩的单位和个人，按照国家有关规定给予表彰和奖励。

第二章 标准的制定

第十条 对保障人身健康和生命财产安全、国家安全、生态环境安全以及满足经济社会管理基本需要的技术要求，应当制定强制性国家标准。

国务院有关行政主管部门依据职责负责强制性国家标准的项目提出、组织起草、征求意见和技术审查。国务院标准化行政主管部门负责强制性国家标准的立项、编号和对外通报。国务院标准化行政主管部门应当对拟制定的强制性国家标准是否符合前款规定进行立项审查，对符合前款规定的予以立项。

省、自治区、直辖市人民政府标准化行政主管部门可以向国务院标准化行政主管部门提出强制性国家标准的立项建议，由国务院标准化行政主管部门会同国务院有关行政主管部门决定。社会团体、企业事业组织以及公民可以向国务院标准化行政主管部门提出强制性国家标准的立项建议，国务院标准化行政主管部门认为需要立项的，会同国务院有关行政主管部门决定。

强制性国家标准由国务院批准发布或者授权批准发布。

法律、行政法规和国务院决定对强制性标准的制定另有规定的，从其规定。

第十一条 对满足基础通用、与强制性国家标准配套、对各有关行业起引领作用等需要的技术要求，可以制定推荐性国家标准。

推荐性国家标准由国务院标准化行政主管部门制定。

第十二条 对没有推荐性国家标准、需要在全国某个行业范围内统一的技术要求，可以制定行业标准。

行业标准由国务院有关行政主管部门制定，报国务院标准化行政主管部门备案。

第十三条 为满足地方自然条件、风俗习惯等特殊技术要求，可以制定地方标准。

地方标准由省、自治区、直辖市人民政府标准化行政主管部门制定；设区的市级人民政府标准化行政主管部门根据本行政区域的特殊需要，经所在地省、自治区、直辖市人民政府标准化行政主管部门批准，可以制定本行政区域的地方标准。地方标准由省、自治区、直辖市人民政府标准化行政主管部门报国务院标准化行政主管部门备案，由国务院标准化行政主管部门通报国务院有关行政主管部门。

第十四条　对保障人身健康和生命财产安全、国家安全、生态环境安全以及经济社会发展所急需的标准项目，制定标准的行政主管部门应当优先立项并及时完成。

第十五条　制定强制性标准、推荐性标准，应当在立项时对有关行政主管部门、企业、社会团体、消费者和教育、科研机构等方面的实际需求进行调查，对制定标准的必要性、可行性进行论证评估；在制定过程中，应当按照便捷有效的原则采取多种方式征求意见，组织对标准相关事项进行调查分析、实验、论证，并做到有关标准之间的协调配套。

第十六条　制定推荐性标准，应当组织由相关方组成的标准化技术委员会，承担标准的起草、技术审查工作。制定强制性标准，可以委托相关标准化技术委员会承担标准的起草、技术审查工作。未组成标准化技术委员会的，应当成立专家组承担相关标准的起草、技术审查工作。标准化技术委员会和专家组的组成应当具有广泛代表性。

第十七条　强制性标准文本应当免费向社会公开。国家推动免费向社会公开推荐性标准文本。

第十八条　国家鼓励学会、协会、商会、联合会、产业技术联盟等社会团体协调相关市场主体共同制定满足市场和创新需要的团体标准，由本团体成员约定采用或者按照本团体的规定供社会自愿采用。

制定团体标准，应当遵循开放、透明、公平的原则，保证各参与主体获取相关信息，反映各参与主体的共同需求，并应当组织对标准相关事项进行调查分析、实验、论证。

国务院标准化行政主管部门会同国务院有关行政主管部门对团体标准的制定进行规范、引导和监督。

第十九条　企业可以根据需要自行制定企业标准，或者与其他企业联合制定企业标准。

第二十条　国家支持在重要行业、战略性新兴产业、关键共性技术等领域利用自主创新技术制定团体标准、企业标准。

第二十一条　推荐性国家标准、行业标准、地方标准、团体标准、企业标准的技术要求不得低于强制性国家标准的相关技术要求。

国家鼓励社会团体、企业制定高于推荐性标准相关技术要求的团体标准、企业标准。

第二十二条　制定标准应当有利于科学合理利用资源，推广科学技术成果，增强产品的安全性、通用性、可替换性，提高经济效益、社会效益、生态效益，做到技术上先进、经济上合理。

禁止利用标准实施妨碍商品、服务自由流通等排除、限制市场竞争的行为。

第二十三条　国家推进标准化军民融合和资源共享，提升军民标准通用化水平，积极推动在国防和军队建设中采用先进适用的民用标准，并将先进适用的军用标准转化为民用标准。

第二十四条　标准应当按照编号规则进行编号。标准的编号规则由国务院标准化行政主管部门制定并公布。

第三章　标准的实施

第二十五条　不符合强制性标准的产品、服务，不得生产、销售、进口或者提供。

第二十六条　出口产品、服务的技术要求，按照合同的约定执行。

第二十七条　国家实行团体标准、企业标准自我声明公开和监督制度。企业应当公开其执行的强制性标准、推荐性标准、团体标准或者企业标准的编号和名称；企业执行自行制定的企业标准的，还应当公开产品、服务的功能指标和产品的性能指标。国家鼓励团体标准、企业标准通过标准信息公共服务平台向社会公开。

企业应当按照标准组织生产经营活动，其生产的产品、提供的服务应当符合企业公开标准的技术要求。

第二十八条　企业研制新产品、改进产品，进行技术改造，应当符合本法规定的标准化要求。

第二十九条　国家建立强制性标准实施情况统计分析报告制度。

国务院标准化行政主管部门和国务院有关行政主管部门、设区的市级以上地方人民政府标准化行政主管部门应当建立标准实施信息反馈和评估机制，根据反馈和评估情况对其制定的标准进行复审。标准的复审周期一般不超过五年。经过复审，对不适应经济社会发展需要和技术进步的应当及时修订或者废止。

第三十条　国务院标准化行政主管部门根据标准实施信息反馈、评估、复审情况，对有关标准之间重复交叉或者不衔接配套的，应当会同国务院有关行政主管部门作出处理或者通过国务院标准化协调机制处理。

第三十一条　县级以上人民政府应当支持开展标准化试点示范和宣传工作，传播标准化理念，推广标准化经验，推动全社会运用标准化方式组织生产、经营、管理和服务，发挥标准对促进转型升级、引领创新驱动的支撑作用。

第四章　监督管理

第三十二条　县级以上人民政府标准化行政主管部门、有关行政主管部门依据法定职责，对标准的制定进行指导和监督，对标准的实施进行监督检查。

第三十三条　国务院有关行政主管部门在标准制定、实施过程中出现争议的，由国务院标准化行政主管部门组织协商；协商不成的，由国务院标准化协调机制解决。

第三十四条　国务院有关行政主管部门、设区的市级以上地方人民政府标准化行政主管部门未依照本法规定对标准进行编号、复审或者备案的，国务院标准化行政主管部门应当要求其说明情况，并限期改正。

第三十五条　任何单位或者个人有权向标准化行政主管部门、有关行政主管部门举报、投诉违反本法规定的行为。

标准化行政主管部门、有关行政主管部门应当向社会公开受理举报、投诉的电话、信箱或者电子邮件地址，并安排人员受理举报、投诉。对实名举报人或者投诉人，受理举报、投诉的行政主管部门应当告知处理结果，为举报人保密，并按照国家有关规定对举报人给予奖励。

第五章 法律责任

第三十六条 生产、销售、进口产品或者提供服务不符合强制性标准,或者企业生产的产品、提供的服务不符合其公开标准的技术要求的,依法承担民事责任。

第三十七条 生产、销售、进口产品或者提供服务不符合强制性标准的,依照《中华人民共和国产品质量法》《中华人民共和国进出口商品检验法》《中华人民共和国消费者权益保护法》等法律、行政法规的规定查处,记入信用记录,并依照有关法律、行政法规的规定予以公示;构成犯罪的,依法追究刑事责任。

第三十八条 企业未依照本法规定公开其执行的标准的,由标准化行政主管部门责令限期改正;逾期不改正的,在标准信息公共服务平台上公示。

第三十九条 国务院有关行政主管部门、设区的市级以上地方人民政府标准化行政主管部门制定的标准不符合本法第二十一条第一款、第二十二条第一款规定的,应当及时改正;拒不改正的,由国务院标准化行政主管部门公告废止相关标准;对负有责任的领导人员和直接责任人员依法给予处分。

社会团体、企业制定的标准不符合本法第二十一条第一款、第二十二条第一款规定的,由标准化行政主管部门责令限期改正;逾期不改正的,由省级以上人民政府标准化行政主管部门废止相关标准,并在标准信息公共服务平台上公示。

违反本法第二十二条第二款规定,利用标准实施排除、限制市场竞争行为的,依照《中华人民共和国反垄断法》等法律、行政法规的规定处理。

第四十条 国务院有关行政主管部门、设区的市级以上地方人民政府标准化行政主管部门未依照本法规定对标准进行编号或者备案,又未依照本法第三十四条的规定改正的,由国务院标准化行政主管部门撤销相关标准编号或者公告废止未备案标准;对负有责任的领导人员和直接责任人员依法给予处分。

国务院有关行政主管部门、设区的市级以上地方人民政府标准化行政主管部门未依照本法规定对其制定的标准进行复审,又未依照本法第三十四条的规定改正的,对负有责任的领导人员和直接责任人员依法给予处分。

第四十一条 国务院标准化行政主管部门未依照本法第十条第二款规定

对制定强制性国家标准的项目予以立项，制定的标准不符合本法第二十一条第一款、第二十二条第一款规定，或者未依照本法规定对标准进行编号、复审或者予以备案的，应当及时改正；对负有责任的领导人员和直接责任人员可以依法给予处分。

第四十二条　社会团体、企业未依照本法规定对团体标准或者企业标准进行编号的，由标准化行政主管部门责令限期改正；逾期不改正的，由省级以上人民政府标准化行政主管部门撤销相关标准编号，并在标准信息公共服务平台上公示。

第四十三条　标准化工作的监督、管理人员滥用职权、玩忽职守、徇私舞弊的，依法给予处分；构成犯罪的，依法追究刑事责任。

第六章　附则

第四十四条　军用标准的制定、实施和监督办法，由国务院、中央军事委员会另行制定。

第四十五条　本法自 2018 年 1 月 1 日起施行。

参考文献

[1] 李学京. 标准与标准化教程 [M]. 中国标准出版社，2010.

[2] 宋明顺，周立军. 标准化基础 [M]. 中国标准出版社，2013.

[3] 上海市标准化研究院，中国标准化协会，上海信星认证培训中心. 标准化实用教程 [M]. 2011.

[4] 王忠敏. 标准化基础知识实用教程 [M]. 中国标准出版社，2010.

[5] 舒辉. 标准化管理 [M]. 北京大学出版社，2016.

[6] [英] 桑德斯. 标准化的目的与原理 [M]. 科学技术文献出版社，1974.

[7] [印度] 魏尔曼. 标准化是一门新学科 [M]. 科学技术文献出版社，1980.

[8] 全国服务标准化技术委员会 服务业组织标准化工作指南 [M]. 中国标准出版社，2010.